BECC

北咨咨询丛书　　丛书主编　王革平

·信息技术·

信息系统工程监理案例解析

主　编　李　东

副主编　邓　星

俞　虓

刘晓楠

中国建筑工业出版社

图书在版编目（CIP）数据

信息系统工程监理案例解析 / 李东主编；邓星，俞婋，刘晓楠副主编．-- 北京：中国建筑工业出版社，2025. 11．--（北咨咨询丛书 / 王革平主编）．-- ISBN 978-7-112-31644-1

Ⅰ. C931.6

中国国家版本馆 CIP 数据核字第 2025XS6006 号

责任编辑：毕凤鸣　李闻智

责任校对：芦欣甜

北咨咨询丛书

·信息技术·

丛书主编　王革平

信息系统工程监理案例解析

主　编　李　东

副主编　邓　星　俞　婋　刘晓楠

*

中国建筑工业出版社出版、发行（北京海淀三里河路 9 号）

各地新华书店、建筑书店经销

北京建筑工业印刷有限公司制版

河北京平诚乾印刷有限公司印刷

*

开本：787 毫米×1092 毫米　1/16　印张：13¼　字数：241 千字

2025 年 12 月第一版　　2025 年 12 月第一次印刷

定价：**60.00** 元

ISBN 978-7-112-31644-1

（45630）

北咨咨询丛书编写委员会

本书编委会

主　　编：李　东

副 主 编：邓　星　俞　댄　刘晓楠

参编人员（按姓氏笔画排序）：

于伟华　马岩松　马腾飞　王　莉　王　爽
王　潇　李海琦　吴政学　张秋明　郎　宇
秦文璐　徐慧一　郭晋波　韩　伊　滕　菲

丛书总序

改革开放以来，我国经济社会发展取得了举世瞩目的成就，工程咨询业亦随之不断发展壮大。作为生产性服务业的重要组成部分，工程咨询业涵盖规划咨询、项目咨询、评估咨询、全过程工程咨询等方面，服务领域涉及经济社会建设和发展的方方面面，工程咨询机构也成为各级政府部门及企事业单位倚重的决策参谋和技术智囊。

为顺应国家投资体制改革和首都发展需要，以提高投资决策的科学性、民主化为目标，经北京市人民政府批准，北京市工程咨询股份有限公司（原北京市工程咨询公司，以下简称“北咨公司”）于 1986 年正式成立。经过近 40 年的发展，公司立足于首都经济建设和城市发展的最前沿，面向政府和社会，不断拓展咨询服务领域和服务深度，形成了贯穿投资项目建设全过程的业务链条，一体化综合服务优势明显，在涉及民生及城市发展的许多重要领域构建了独具特色的咨询评估理论方法及服务体系，积累了一批经验丰富的专家团队，为政府和社会在规划政策研究、投资决策、投资控制、建设管理、政府基金管理等方面提供了强有力的智力支持和服务保障，已成为北京市乃至全国有影响力的综合性工程咨询单位。

近年来，按照北京市要求，北咨公司积极推进事业单位转企改制工作，并于 2020 年完成企业工商注册，这是公司发展史上的重要里程碑，由此公司发展进入新阶段。面对新的发展形势和要求，公司紧密围绕北京市委全面深化改革委员会提出的打造“政府智库”和“行业龙头企业”的发展定位，以“内优外拓转型”为发展主线，以改革创新为根本动力，进一步巩固提升“收放有度、管控有力、运营高效、充满活力”的北咨管理模式，进一步深化改革，建立健全现代企业制度，进一步强化干部队伍建设，塑造“以奋斗者为本”的企业文化，进一步推动新技术引领传统咨询业务升级，稳步实施“内部增长和外部扩张并重”的双线战略，打造高端智库，加快推动上市重组并购进程，做大做强工程咨询业务，形成北咨品牌彰显的工程咨询龙头企业形象。

我国已进入高质量发展阶段，伴随着改革深入推进，市场环境持续优化，工程咨询行业仍处于蓬勃发展时期，工程咨询理论方法创新正成为行业发展的动力和手段。北咨公司始终注重理论创新和方法领先，始终注重咨询成效和增值服务，多年来形成了较为完善的技术方法、服务手段和管理模式。为完整、准确、全面贯彻新发展理念，北咨公司全面启动“工程咨询理论方法创新工程”，对公司近 40 年来理论研究和实践经验进行总结、提炼，系统性梳理各业务领域咨询理论方法，充分发挥典型项目的示范引领作用，推出“北咨咨询丛书”。

本丛书是集体智慧的结晶，反映了北咨公司的研究水平和能力，是外界认识和了解北咨的一扇窗口，同时希望借此研究成果，与同行共同交流、研讨，助推行业高质量发展。

序 言

信息技术日新月异，信息系统建设已成为推动社会经济发展的重要引擎。随着系统规模日益庞大、技术架构愈发复杂、投资数额持续攀升，项目成功实施的风险与挑战也愈加凸显。如何有效保障项目质量、进度、成本与安全目标的实现，最大限度发挥投资效益，专业、规范的信息系统工程监理在其中扮演着至关重要的角色。然而，如何将信息系统工程监理标准所提出的原则、流程和要求，精准地应用于千差万别的项目场景之中，高效实现其最大价值，正是广大信息系统监理工程师在实际工作中亟须突破的难点，也是本编著团队撰写本书的初衷。

《信息系统工程监理案例解析》一书，依据国家最新发布的信息系统工程监理标准（GB/T 19668 系列）框架体系，着眼于理论与实践的“最后一公里”，从质量、进度、投资等管理要素出发，精心遴选并深度剖析 30 多个真实、典型的项目案例，覆盖信息化项目的关键阶段和常见问题场景，力求破解工作实践中的三大难点：

实现国标落地应用：案例的分析与解决方案，紧密对照相关标准条款及行政管理规定，清晰阐释实际操作环节的具体执行要点和尺度把握。

做好项目过程控制：阐述通过监理手段有效控制软件工程质量，进度延误时如何科学协调纠偏，以及变更管理关键点在哪等问题。

高效处置复杂问题：阐述面对多方协作不畅、工程严重延期、安全漏洞暴露等棘手难题，监理应如何依据国标职责准确定位，发挥协调和专业判断作用等问题。

本书案例均来自项目实践一线，全部内容遵循“务实”原则。一是突出实务性。不回避项目中真实发生的困境、矛盾甚至失败教训，力求还原监理过程中遇到的典型场景与决策两难困境，使读者获得身临其境的感受。二是突出可操作。针对每个案例，书中不仅分析问题成因、对照国标准则检查，更着力于提炼可复用的监理工作方法和流程建议。让读者能够清晰掌握在类似情境下“监理该做什么、怎么做、依据是什么”。三是突出可借鉴性。书中提炼的监理策略、经验教训和应对措施，不仅适用于书中所述案例背景，更能为读者处理其自身项目中遇到的同类或衍生问题提供重要参考和思路启发。

信息系统工程监理工作充满挑战，需要工程师们不断学习、积累经验并提升专业素养。我们由衷希望，本书能够成为广大信息系统工程监理从业者、信息系统项目管理人员的实用工作手册和行动参考指南，帮助大家更准确地理解国标要求，更娴熟地运用监理方法，更有效地规避项目风险，最终提升信息系统工程的整体成功率与价值贡献。

在本书付梓之际，衷心感谢所有提供宝贵案例素材的项目团队和一线监理工程师，感谢编审团队同事们的专业素养与辛勤付出。书中疏漏之处在所难免，恳请业内专家和广大读者批评指正。让我们共同努力，推动信息系统工程监理行业的规范化、专业化和精细化发展，为建设高质量的数字中国贡献监理专业力量。

前 言

随着数字化转型的深入，信息系统工程在各行各业的作用愈发关键，其建设过程的专业化管理需求也日益凸显。信息系统监理作为保障工程质量、控制项目风险、协调多方参与的重要机制，已成为信息化建设中不可或缺的一环。如何将监理理论与纷繁复杂的项目实践相结合，形成可落地、可复用的工作方法，是当前监理行业普遍面临的挑战。

本书紧扣国家最新发布的信息系统工程监理标准体系，以真实、典型的项目案例为载体，致力于打通监理理论与实践之间的“最后一公里”，为从业人员提供可操作、可借鉴的工作指南。本书由李东担任主编，邓星、俞彪、刘晓楠担任副主编，参编人员包括李海琦、王爽、王莉、郭晋波、马腾飞、滕菲、徐慧一、吴政学、张秋明、于伟华、郎宇、马岩松、王潇、韩伊、秦文璐等来自监理实务、项目管理和政策研究等多领域的专业人士。他们从真实项目场景出发，系统梳理和总结了监理过程中的典型问题与应对策略，力图形成一套贴近实际、便于操作的监理实务参考。

本书以专题为纲，内容涵盖质量控制、进度控制、投资控制、变更控制、合同及文档管理、安全管理、沟通协调等监理核心职能；并围绕不同工程类型，如系统集成、软件开发、数据中心、基础设施、运行维护、信息安全等，选取具有代表性的案例展开剖析。每个案例均立足真实情境，聚焦常见难点，阐释监理依据，提炼管理要点，旨在帮助读者建立系统性的监理思维，掌握规范化的操作方法。

本书强调从实践中来、到实践中去，不追求面面俱到的理论阐述，而是着力于为监理工程师、项目经理及相关从业者提供应对实际问题的思路与工具。希望通过这些来自一线的经验与反思，助力提升信息系统工程监理的整体专业水平，推动项目实现预期目标，为行业规范化发展贡献一份力量。

限于编写时间和编者水平，书中难免有不足之处，恳请各位读者和业界专家批评指正，共同完善信息系统监理实践的知识体系。

目 录

第 1 章

信息系统工程监理概述

1.1 信息系统工程监理涵义

信息系统工程监理，是指监理单位受业主单位委托，依据国家有关法律法规、标准规范和监理合同，对信息系统项目实施的监督管理活动。

信息系统工程监理行业的形成，系借鉴建筑行业建设工程监理的成熟经验和管理思路，结合信息技术服务行业本身的特点发展而来的，是针对信息化建设特点而产生的新兴服务行业。信息系统工程监理系列标准规范的制定与实施，以及专业技术人才队伍的系统培养，对我国信息系统工程监理市场从无到有、从小到大、从弱到强的发展起到了规范和促进作用。随着我国信息系统工程监理业务的不断规范和扩展，监理服务质量和项目管理水平不断提高，在信息化项目实施过程中的服务价值得到客户广泛认可，对提高我国信息化建设水平发挥了极其重要的作用。

监理单位是指在政府工商管理部门注册登记，符合信息系统工程监理有关规定，具备信息系统工程监理业务实施能力，受业主单位委托，依据国家有关法律法规、技术标准和监理合同，对信息系统工程建设项目实施监督管理的专业机构。

信息系统工程监理活动主要涉及质量、进度、投资、安全、变更、文档、组织协调等信息化项目过程管理的各个方面。主要内容可以概括为“四控制、三管理、一协调”。“四控制”通常指质量控制、进度控制、投资控制、变更控制；“三管理”通常指合同管理、文档管理、安全管理；“一协调”通常指在信息系统工程实施过程中，协调有关单位及人员间的工作关系。

1.2 信息系统工程监理基本准则

在信息系统工程监理实施过程中，监理单位应遵守基本行为原则，包括：

1. 守法

严格遵守国家有关信息系统建设和监理的法律法规，依法履行监理职责。这是开展工作的前提，确保监理活动在法律框架内进行。

2. 独立

监理单位要保持独立地位，不能与承建单位存在隶属关系或利益关联。这样才能在项目监理过程中，以客观公正的立场对信息系统建设进行监督和管理。

3. 公正

公平、公正地对待业主单位和承建单位。在处理双方争议，如质量问题、进度纠纷或者费用变更等情况时，依据合同和相关标准做出公正的裁决。

4. 科学

采用科学的思想、理论、方法和手段开展监理工作。例如，运用项目管理方法来监控项目进度、质量和成本，通过科学的工具和技术来检验信息系统与预期参数、规格或性能指标的符合性。

5. 保密

对在监理工作中涉及的商业秘密、技术秘密等信息严格保密。因为信息系统建设过程中往往会包含大量的敏感信息，如系统架构、用户数据等，监理单位有责任保护这些信息的安全。

1.3 信息系统工程监理法定责任和义务

1. 监理单位权利与义务

（1）应按照“守法、公平、公正、独立”的原则，开展信息系统工程监理工作，维护业主单位与承建单位的合法权益。

（2）按照监理合同取得监理收入。

（3）不得承建信息系统工程。

（4）不得与被监理项目的承建单位存在隶属关系与利益关系。

（5）不得以任何形式侵害业主单位和承建单位的知识产权。

2. 监理工程师的权利和义务

（1）根据监理合同独立执行工程监理业务。

（2）保守承建单位的技术秘密和商业秘密。

（3）不得同时从事与被监理项目相关的技术和业务活动。

1.4 信息系统工程监理的适用范围

当前，信息系统工程监理业务主要集中在使用财政资金开展建设的信息化项目中。近年来，随着监理服务价值不断提升并得到广泛认可，企事业单位自有资金信息化监理项目有所增加，客户领域不断扩展。

1.5　信息系统工程监理的作用

随着信息技术飞速发展，信息系统工程建设项目常面临项目需求调整变化多、项目管理不规范等问题，尤其是项目建设内容在技术或专业方面比较复杂时，业主单位缺乏足够的技术能力和管理知识进行监管，需要专业监理工程师进行监督管理，并通过必要的信息化技术手段、方法和项目管理流程予以查验、审核，确认技术指标是否达标、过程是否规范。监理单位充分参与信息系统工程建设过程并严格履职，对项目实现预期建设目标、顺利推进验收，具有重要意义。

监理单位在信息系统建设过程中发挥的重要作用主要体现在以下几个方面：

1. 质量控制

（1）对项目建设全过程进行监督，确保项目按照相关标准和规范实施，保证系统的质量稳定可靠。例如，在软件开发过程中，监理单位可以检查软件的功能是否符合需求规格说明书等。

（2）对项目建设中使用的设备、材料进行检验，防止不合格产品进入项目，从源头上把控质量。例如，对服务器、网络设备等硬件的品牌型号、参数配置、数量、质量证明材料等进行检查。

2. 进度控制

（1）审核承建单位提交的详细的项目进度计划，并监督承建单位严格按照计划执行。如果出现进度偏差，及时分析原因并采取措施进行调整，确保项目按时完成。

（2）协调项目各方的工作进度，避免因某一方的延误而影响整个项目的进度。例如，协调业主单位、承建单位和其他协作单位之间的工作沟通，提高项目推进效率。

3. 投资控制

（1）协助业主单位进行项目资金支付条件的审核，确保项目投资合理、科学。对项目建设中的费用支出进行监督，防止超预算情况发生。

（2）在项目实施过程中，对变更进行严格控制，评估变更对投资的影响，避免不必要的费用增加。

4. 合同管理

（1）监督合同的执行情况，确保双方按照合同约定履行各自的义务。对合同履行过程中的争议进行协调和处理，维护双方的合法权益。

（2）审核项目实施方提交的付款申请，确保付款与合同约定的进度和质量相符。

5. 文档管理

（1）收集、整理项目建设过程中的各种信息，包括项目文档、会议记录、问题报告等，保证文档与项目建设同步，且能够真实反映项目建设情况。

（2）定期向业主单位汇报项目进展情况，使业主单位能够及时了解项目动态，做出正确的决策。

6. 沟通协调

（1）监理单位在项目建设过程中，通过制定科学的项目管理和沟通协调制度，组织监理例会、协调会、专题会等项目内部会议，汇报项目进展、沟通项目问题，协调各分项工程进度，提出监理要求。沟通协调是监理单位对项目进行有效管理和控制的重要方法。

（2）在处理项目冲突方面，监理单位作为第三方机构，本着公正、独立、自主的原则，为项目参建各方搭建起高效的沟通桥梁，协商处理业主单位和承建单位之间的争议和冲突，推动项目问题得以解决，确保项目顺利进行。

1.6 术语

1. 监理

即信息系统工程监理，简称信息监理，是指监理单位受业主单位委托，依据国家有关法律法规、标准规范和监理合同，对信息系统工程项目实施监督管理。

2. 业主单位

业主单位是指具有法律法规认可的信息系统工程（含运行维护）发包主体资格，具备支付工程及相关服务价款能力（如提供资金证明、预算批复文件等），且作为项目需求提出方和整体责任承担方的单位。在项目实施中，若业主单位作为合同甲方直接负责项目的组织实施、管理协调等具体建设工作，可称为建设单位；若委托第三方负责具体建设，则业主单位与建设单位为不同主体。

3. 监理单位

监理单位是指具有独立企业法人资格，与被监理项目的承建单位无利害关系，具备与承接项目规模匹配的监理实施能力，为业主单位提供信息系统工程质量控制、进度控制、投资控制、合同管理、信息管理及协调沟通等监理服务及相关技术咨询的单位。

4. 承建单位

承建单位是指具备独立企业法人资格，取得国家或行业主管部门认可的相应等级资质或拥有与承接项目规模匹配的专业技术团队、核心技术成果及类似项目成功案例等技术能力，且符合法律法规对信息系统工程承接主体其他要求（如涉密项目需具备涉密信息系统集成资质），承接信息系统工程建设的单位。

5. 项目监理机构

监理单位对信息系统工程项目实施监理及相关服务时，由监理单位派出，负责履行监理合同的项目组织机构。

6. 监理工程师

监理单位正式聘任的，取得国家相关主管部门颁发的信息系统工程监理工程师资格证书的专业技术人员。

7. 总监理工程师

由监理单位法定代表人书面授权，全面负责项目监理及相关服务合同的履行，主持监理机构工作的监理工程师，是监理项目的第一责任人。

8. 总监理工程师代表

由总监理工程师书面授权，代表总监理工程师行使其部分职责和权力的监理工程师。

9. 监理员

经过监理及相关服务业务培训，具有同类工程相关专业知识，从事具体监理及相关服务工作的人员。

10. 用户

使用项目所建设的信息系统（如应用软件、硬件、机房、弱电系统等）开展日常办公或完成业务工作的个人或组织，其是信息系统的核心服务对象。

11. 信息系统监理师

信息系统监理师考试是全国计算机技术与软件专业技术资格考试中的中级资格考试，由人力资源和社会保障部、工业和信息化部联合举办，具有权威性与公信力。通过该考试，合格人员将系统掌握信息系统工程监理的知识体系，具备监理工程师应有的工作知识。

12. 信息系统监理师教程

《信息系统监理师教程》由全国计算机专业技术资格考试办公室组编，是信息系统监理师考试的官方指定用书。它依据审定通过的《信息系统监理师考试大纲》编写，系统阐述了该岗位所需的关键知识与应用技术。本书所提到的《信息系统监理师教程》是 2024 年出版的第 2 版。

第2章

信息系统工程监理相关政策和标准

2.1 国家相关政策和标准

2.1.1 相关政策

1.《信息系统工程监理暂行规定》(信部信〔2002〕570号)

所属分类：部门规范性文件

发布时间：2002年11月28日

发布单位：信息产业部(现工业和信息化部)

发布背景：2000年前后，我国正处于信息化建设的快速发展阶段，政府和企业对信息化依赖度急速提升，各领域信息化工程建设项目井喷式增长且投资规模持续扩大。在《信息系统工程监理暂行规定》(信部信〔2002〕570号)(以下简称《信息监理暂行规定》)发布前，我国信息化工程建设领域缺乏专门的监理标准。专业监督管理机构的缺失使得信息化工程管理水平参差不齐，业主单位对工期拖延、质量失控、预算超支等情况缺乏有效管控措施，导致项目目标和建设效益不达预期，亟须规范管理。

重点内容：《信息监理暂行规定》是由信息产业部颁布的部门规范性文件，明确了信息系统工程的定义、信息系统工程监理的定义、需实施监理的工程范围、监理主管部门及其职责、监理单位的资质等级(甲、乙、丙级)、监理的主要内容、监理的实施方式、监理合同与费用标准以及相关法律责任等。该规定自2002年12月15日起实施。

发布意义：《信息监理暂行规定》填补了我国信息化工程监理领域的制度空白，明确了信息系统工程监理单位所取得的监理资质，是一种执业许可，为监理活动提供了政策依据，使监理成为信息化工程建设中不可或缺的第三方角色。

《信息监理暂行规定》规范了监理行为，明确了监理职责，维护了市场秩序，提升了信息系统工程质量及投资效益。此外，其提出的监理内容(质量、进度、投资控制)被《信息技术服务 监理 第1部分：总则》GB/T 19668.1—2014继承发展，为后续信息化工程监理的标准化奠定了基础，促进了行业技术和管理水平的提升，其核心原则思想至今仍深刻影响着政府投资项目实践。

现行情况：国务院2014年关于取消资质认证的系列决定，《信息监理暂行规定》根据《中华人民共和国工业和信息化部公告》(2016年第26号)废止。

政策解读：《信息监理暂行规定》是我国首部针对信息系统工程监理的部门规

章，是信息监理行业发展的起点，对信息监理行业具有历史性意义。其填补了行业监管空白，标志着我国信息系统工程从“重建设”向“重管理”转变，信息监理从“自发行为”转向“法定职责”，为我国信息系统工程建设的健康发展奠定了基础。

2.《工业和信息化部关于信息系统工程监理单位资质认证有关事项的通告》(工信部信软函〔2019〕169号)

所属分类：部门规范性文件

发布时间：2019年6月20日

发布单位：工业和信息化部

发布背景：为深化行政体制改革、激发市场活力，国务院于2014年2月15日发布了《关于取消和下放一批行政审批项目的决定》(国发〔2014〕5号，以下简称《决定》)，通过取消和下放一批行政审批项目推动政府职能转变，降低企业制度性交易成本，促进经济社会高质量发展，是党的十八大后深化“放管服”改革的关键步骤。在该《决定》的附件(国务院决定取消和下放管理层级的行政审批项目目录)中明确取消了“信息系统工程监理单位资质认证和监理工程师资格认定”。

重点内容：“信息系统工程监理单位资质认证”于2014年由国务院明令取消，任何组织和机构不得继续实施。

发布意义：为响应《决定》关于取消“信息系统工程监理单位资质认定”行政许可的要求，《工业和信息化部关于信息系统工程监理单位资质认证有关事项的通告》(工信部信软函〔2019〕169号)(以下简称《资质认证事项通告》)将原有的资质审批制调整为备案告知制，旨在降低行业准入门槛、激发市场活力。同时，为适应信息技术快速发展和新型基础设施建设需求，《资质认证事项通告》通过建立以信用监管为核心、以国家标准为支撑的事中事后监管机制，推动监理行业从资质管理向能力管理转型，既保障了服务质量，又促进了行业创新发展。

现行情况：现行有效。

政策解读：《资质认证事项通告》的发布标志着我国信息系统工程监理行业管理模式进入“宽进严管”的新阶段。通过取消资质审批，实行备案管理，推动信息系统工程监理行业从“资质门槛”向“能力导向”转变，在降低市场准入门槛的同时强化事中事后监管，促进了监理服务的市场化、专业化发展。

3.《国家电子政务工程建设项目管理暂行办法》（国家发展和改革委员会令第55号）

所属分类： 政策法规

发布时间： 2007年8月13日

发布单位： 国家发展和改革委员会

发布背景： 为了贯彻落实《国务院关于投资体制改革的决定》，全面加强国家电子政务工程建设项目管理，保证工程建设质量，提高投资效益，经国家发展和改革委员会主任办公会讨论通过，制定并发布了《国家电子政务工程建设项目管理暂行办法》（以下简称“国家发改委第55号令”）。

2007—2020年是我国政务信息化飞速发展的一段时期，中央国家机关、省级政府机构、地级市政府机构的电子政务系统基本经历了从无到有、从低性能到高性能、从可用到好用的一系列过程。期间，政府投资建成了统一电子政务网络、重点业务信息系统、基础信息库、电子政务网络与信息安全保障体系相关基础设施、电子政务标准化体系和电子政务相关支撑体系等，以政务信息资源开发利用为主线，以国家统一电子政务网络为依托，以提高应用水平、发挥系统效能为重点，深化电子政务应用，推动应用系统的互联互通、信息共享和业务协同，建设符合中国国情的电子政务体系，提高行政效率，降低行政成本，发挥电子政务对加强经济调节、市场监管和改善社会管理、公共服务的作用。在此期间，政府投资信息化建设项目相关行业、产业蓬勃发展。

重点内容：“国家发改委第55号令”是一份相对全面的项目管理办法，旨在加强国家电子政务工程建设项目管理，保证工程质量，提高投资效益。主要内容包括：

（1）总则：适用于使用中央财政性资金的国家电子政务工程建设项目，明确电子政务项目主要类型，规定项目业主单位为中央和地方政务部门，项目审批部门为国家发展改革委。

（2）申报和审批管理：项目业主单位依规定和规划提出立项申请，审批环节包括项目建议书、可行性研究报告、初步设计方案和投资概算，项目总投资3000万元以下及特殊情况可适当简化审批流程。中央和地方共建项目有不同的申报和审批流程，批复文件是项目建设主要依据，变更需按规定重新报批或说明。

（3）建设管理：项目业主单位要建立责任制，执行招标投标等制度，确定实施机构和责任人，按规定采购，实行工程监理制，项目业主单位应按照信息系统工程监理的有关规定，委托具有信息系统工程相应监理资质的工程监理单位，对项目建设进行工程监理。定期报告建设进度和概预算执行情况，严格按批复实施，变更需报批。

（4）资金管理：可行性研究报告批复后可申请前期工作经费，初步设计方案和投资概算批复后按进度申请年度资金使用计划，资金需专账管理、专款专用。

（5）监督管理：项目业主单位接受项目审批部门及有关部门监督管理，审批部门负责稽察，有关部门对采购和资金使用等进行监督，业主单位需协助监督工作。

（6）验收评价管理：实行验收和后评价制度，验收包括初步验收和竣工验收，业主单位完成建设任务后半年内组织初步验收，合格后申请竣工验收，审批部门可组织后评价，对未达目标或效果的要求整改。

（7）运行管理：建成后运行管理由业主单位负责，需确立运行机构，完善管理制度，落实维护费用，对建成项目进行信息安全风险评估。

（8）法律责任：对截留、挪用资金及违反其他规定造成严重后果的，相关部门、单位或个人将受到惩处，构成犯罪的依法追究刑事责任。

发布意义：“国家发改委第 55 号令”就像是我国政务信息化项目建设管理领域的“指路明灯”。作为我国首部全面、系统规范电子政务工程建设全过程的国家规章制度，它对项目申报审批、建设管理、资金管理、监督管理、验收评价及运行管理等全流程环节作出了详尽规定，为电子政务类项目及信息化项目管理提供了重要的制度依据。

在其出台之前，我国虽已存在部分与电子政务相关的法律法规，但始终缺乏一部如此全面覆盖、系统衔接的专项规章，对电子政务工程建设进行针对性规范。值得一提的是，“国家发改委第 55 号令”不仅首次明确了信息系统工程监理在项目过程管控中的必要性，其对项目全过程规范管理的部分要求延续至今，成为我国电子政务及信息化项目管理领域不可替代的重要参考。

现行情况：根据《国家政务信息化项目建设管理办法》（国办发〔2019〕57 号），“国家发改委第 55 号令”已于 2020 年 2 月 1 日废止。

政策解读：虽然“国家发改委第 55 号令”已经废止，但在我国政务信息化飞速发展时期，它的意义不言而喻。同时，“国家发改委第 55 号令”至今仍是监理工程师开展政府投资信息化项目过程管理的“必修课”，不仅蕴含了项目全过程各个环节的规范管控要求，其附件《验收大纲》仍是项目验收组织、时限要求、验收任务、验收依据等方面最翔实的参考。

4.《国家政务信息化项目建设管理办法》(国办发〔2019〕57号)

所属分类：政策法规

发布时间：2020年1月21日

发布单位：国务院办公厅

发布背景：为推进政务信息化建设，2007年国家发展改革委制定并实施了"国家发改委第55号令"，对规范电子政务工程项目建设管理发挥了积极作用。但随着我国"放管服"改革不断走向深入，优化营商环境对提升政务服务水平提出了新要求，迫切需要对原办法进行全面修订并提升效力层级。为此，国家发展改革委牵头研究制定并报请国务院批准印发了《国家政务信息化项目建设管理办法》(以下简称"国办发〔2019〕57号")，进一步优化政务信息化建设的审批流程，形成部门监管合力，加强对项目建设投资与运维、绩效评价、审计等方面联动管理，以制度推动实现政务信息资源纵横联通、整合共享，提升政务信息化建设实效。

重点内容："国办发〔2019〕57号"立足于构建国家政务信息化项目统筹协调管理机制，从规划和审批管理、资金管理、监督管理等方面提出了具体要求。①统一工程规划：国家发展改革委会同有关部门编制国家政务信息化建设规划并报国务院批准后实施；各有关部门编制规划涉及政务信息化建设的，应当与国家规划进行衔接。②统一标准规范：对国家政务信息化建设的定义范围、申报审批、共建共享、安全管理等提出进一步的规范要求。③统一备案管理：对国家发展改革委审批或者核报国务院审批，以及其他有关部门自行审批形成的政务信息化项目，实施全口径统一备案。④统一审计监督：加强对国家政务信息系统的审计，促进专项资金使用真实、合法和高效，推动完善并监督落实相关制度政策。⑤统一评价体系：加强对绩效评价和项目后评价结果的应用，评价结果作为下一年度安排政府投资和运行维护经费的重要依据。

"国办发〔2019〕57号"自2020年2月1日起施行。自其发布之日起，国家发展改革委于2007年发布的《国家电子政务工程建设项目管理暂行办法》(国家发展和改革委员会令第55号)同时废止。

发布意义："国办发〔2019〕57号"的颁布实施标志着我国政务信息化建设进入规范化、集约化发展的新阶段。其首次构建了覆盖政务信息化项目全生命周期的管理制度体系，为破解"信息孤岛"、避免重复建设提供了制度保障，显著提升了财政资金使用效益，促进了跨部门业务协同，其确立的"统筹规划、共建共享"

原则已成为指导数字政府建设的重要遵循，为提升国家治理体系和治理能力现代化水平提供了有力支撑。

对信息系统工程监理来说，“国办发〔2019〕57 号”从制度层面继续确立了监理在政务信息化项目建设中的必要性：一是通过第十九条明文规定工程监理制的强制性实施，使监理成为项目建设不可或缺的法定环节；二是明确要求业主单位必须委托具备资质的监理单位开展全过程监督，涵盖设计符合性、施工质量和进度控制等核心职责；三是在第二十条项目绩效评价机制中，将监理单位意见作为形成评价报告的重要依据；四是在项目问题处置流程中赋予监理单位问题发现和整改建议的权威角色；五是将监理单位对安全可靠、密码应用、能效等关键指标的评估结果作为项目验收的核心要件。

现行情况：现行有效。

政策解读：“国办发〔2019〕57 号”为国家政务信息化建设提供了一系列制度保障，旨在促进政务信息化建设的快速迭代、整体推进和集约创新，其从制度层面确立了监理在政务信息化项目建设中的关键地位，使其从单纯的质量监督者转变为贯穿项目全生命周期的综合性治理主体。相较于“国家发改委第 55 号令”，“国办发〔2019〕57 号”在项目过程管控层面描述更加精简、颗粒度较粗，符合政府“放管服”行政改革举措的要求。上述两个重要政策文件侧重不同，在监理工作中需考虑结合使用。

2.1.2 执行标准

1.《信息技术服务 监理》（GB/T 19668 系列）

所属分类：国家推荐性标准

发布单位：国家质量监督检验检疫总局、国家标准化管理委员会

发布背景：2005 年 4 月 4 日，国家质量监督检验检疫总局、国家标准化管理委员会发布了《信息化工程监理规范》（GB/T 19668 系列），该标准对我国信息系统工程监理市场从无到有的发展起到了规范化的作用。鉴于我国信息系统工程监理市场的业务不断扩展，形成了“信息系统工程监理及相关信息技术服务”的新市场，为了提高信息系统工程监理及相关信息技术服务水平，进一步规范监理行业，需要对其系列标准进行修订。

发布意义：《信息技术服务 监理》（GB/T 19668 系列）的发布实施具有重要的行业规范和技术引领意义。该系列标准构建了我国信息技术服务监理的完整标准

体系，通过系统规范监理工作的基本原则、全生命周期管理流程和各专业领域技术要求，为信息化项目建设提供了统一的监理规范框架。其发布不仅解决了传统监理标准滞后于新技术发展的问题，实现了从“工程监理”向“技术服务监理”的理念升级，更通过细化基础设施、数据工程、安全监理等专项要求，显著提升了监理服务的专业性和适用性。作为国家推荐性标准，该系列既为《国家政务信息化项目建设管理办法》等政策提供了技术实施依据，又通过建立标准化、专业化的监理体系，有效保障了信息化项目质量，降低了建设风险，对促进信息技术服务行业高质量发展、推动数字政府和企业数字化转型具有重要的支撑作用。

现行情况：现行有效。

1)《信息技术服务 监理 第1部分：总则》GB/T 19668.1—2014

发布时间：2014年12月5日

重点内容：《信息技术服务 监理 第1部分：总则》GB/T 19668.1—2014全面替代了《信息化工程监理规范 第1部分：总则》GB/T 19668.1—2005，在其基础上，更改了标准名称，升级了标准定位，从“工程监理”扩展为“技术服务监理”，纳入了ITSS（信息技术服务标准）体系，引入了咨询服务并伴随监理服务全周期，明确了监理基本要求（监理工作体系、业务流程研究能力、监理技术规范、质量管理体系、监理技术），划分了监理分类（全过程监理、里程碑监理、阶段监理），在术语和定义中增加了监理员、监理方式、监理活动和成果物等，将原监理阶段及其目标调整为监理运行周期的服务内容和监理要求，增加了沟通环节及部分管理沟通表格。该标准自2015年2月1日起实施。

政策解读：新版标准是对旧版本的全面修订，既保留了原标准的核心框架，又通过吸收十年实践经验，解决了2005版在新技术适应性和过程精细化管理方面的不足。其对提升信息化项目建设质量、保障投资效益、促进行业规范化发展具有重要指导意义。

2)《信息技术服务 监理 第2部分：基础设施工程监理规范》GB/T 19668.2—2017

发布时间：2017年7月31日

重点内容：《信息技术服务 监理 第2部分：基础设施工程监理规范》GB/T 19668.2—2017全面替代了《信息化工程监理规范 第2部分：通用布缆系统工程监理规范》GB/T 19668.2—2007、《信息化工程监理规范 第3部分：电子设备机房系统工程监理规范》GB/T 19668.3—2007、《信息化工程监理规范 第4

部分：计算机网络系统工程监理规范》GB/T 19668.4—2007，在旧版基础上进行了系统性整合与升级，更改了标准名称，升级了标准定位，从“工程监理”扩展为“技术服务监理”；合并且更新了规范性引用文件和术语定义，涵盖了新技术并提升了定义的规范性；增设“规划设计”专章；明确招标、设计、实施、验收各阶段的监理要点；划分三大子系统工程（通用布缆系统、计算机网络系统、电子设备机房系统）并提炼各子系统监理要点；在电子设备机房系统工程中新增动力环境监控系统等。该标准自 2018 年 2 月 1 日起实施。

政策解读：《信息技术服务 监理 第 2 部分：基础设施工程监理规范》GB/T 19668.2—2017 明确了监理在基础设施工程建设中各阶段的工作内容与要点。相较于 2005 版，新版规范将通用布缆系统、计算机网络系统、电子设备机房系统作为三大子系统工程合并纳入基础设施工程监理规范中，优化了监理内容的体系化结构，强化了风险管理要求，细化了监理流程与输出文档规范，并融入云计算、大数据等新技术场景的适应性条款，体现了技术演进与行业实践的发展需求，整体更具前瞻性和可操作性。

3）《信息技术服务 监理 第 3 部分：运行维护监理规范》GB/T 19668.3—2017

发布时间：2017 年 7 月 31 日

重点内容：《信息技术服务 监理 第 3 部分：运行维护监理规范》GB/T 19668.3—2017 对例行操作监理、响应支持监理、优化改善监理、调研评估监理进行了定义，并分别阐释了其在基础设施类、软件类、数据类、信息安全类运行维护服务中的监理要点；系统规范了招标、实施、评估三个阶段（区别于实施项目监理，没有规划咨询阶段）的监理要求、监理内容、监理要点（额外包含配置管理、应急管理、效能管理等方面）及输出文档，并配套提供运维文档模板。该标准自 2018 年 2 月 1 日起实施。

政策解读：《信息技术服务 监理 第 3 部分：运行维护监理规范》GB/T 19668.3—2017 是指导信息系统运行维护阶段监理工作的国家标准，其核心是规范运维服务的全生命周期监理。其发布为运行维护监理提供了服务依据，规范了其服务行为，为运维服务质量、安全及合规性提供了标准化监督框架。

4）《信息技术服务 监理 第 4 部分：信息安全监理规范》GB/T 19668.4—2017

发布时间：2017 年 7 月 31 日

重点内容：《信息技术服务 监理 第4部分：信息安全监理规范》GB/T 19668.4—2017全面替代了《信息化工程监理规范 第6部分：信息化工程安全监理规范》GB/T19668.6—2007，更改了标准名称，升级了标准定位，从“工程监理”扩展为“技术服务监理”；更新了术语体系，新增“信息安全监理”“等级保护”“安全控制措施”等相关术语定义；进行了结构优化与内容重组，新增独立的规划设计章节，将原标准分散的工程阶段整合为部署实施章节，实现全流程系统化管理；细化了工程设计方案；修改了工程实施阶段的监理目标、监理内容、监理要点；同时在附录中新增安全相关内容。该标准自2018年2月1日起实施。

政策解读：《信息技术服务 监理 第4部分：信息安全监理规范》GB/T 19668.4—2017是指导信息安全领域监理工作的国家标准，其强化了与《网络安全法》等法规的衔接要求，确保信息系统在建设与运行维护过程中的信息安全得到有效管理和控制。

5）《信息技术服务 监理 第5部分：软件工程监理规范》GB/T 19668.5—2018

发布时间：2018年6月7日

重点内容：《信息技术服务 监理 第5部分：软件工程监理规范》GB/T 19668.5—2018规定了软件工程监理在规划、招标、设计、实施、验收阶段的监理要求、监理服务内容和要点以及监理文档要求，全面替代了《信息化工程监理规范 第5部分：软件工程监理规范》GB/T 19668.5—2007，更改了标准名称，升级了标准定位，从“工程监理”扩展为“技术服务监理”；增加了规划设计章节，明确了相关目标、内容和要点；增加了两项资料性附录，分别为软件工程监理过程检查记录，以及软件工程项目业主单位、承建单位和监理单位文档清单。该标准自2018年2月1日起实施。

政策解读：《信息技术服务 监理 第5部分：软件工程监理规范》GB/T 19668.5—2018适用于信息系统工程中软件工程项目的监理工作，是指导软件工程监理的国家标准，其规定了从规划设计到部署实施的监理的规范和要求，确保软件工程的质量、进度等方面符合预定的标准和目标。

6）《信息技术服务 监理 第6部分：应用系统：数据中心工程监理规范》GB/T 19668.6—2019

发布时间：2019年8月30日

重点内容：《信息技术服务 监理 第6部分：应用系统：数据中心工程监理规

范》GB/T 19668.6—2019 明确了其适用范围、监理流程，并规范了从招标、设计、实施到验收（无规划设计、维护阶段）四个数据中心工程阶段的监理活动与内容。该标准自 2020 年 3 月 1 日起实施。

政策解读：《信息技术服务 监理 第 6 部分：应用系统：数据中心工程监理规范》GB/T 19668.6—2019 是首个针对应用系统数据中心工程建立的专项监理标准，解决了传统标准在数据中心工程方面的监理依据缺失问题，并响应“碳达峰、碳中和”目标，将数据中心能效优化纳入监理内容，适用于面向应用系统的数据中心建设工程的招标、设计、实施和验收过程的监理服务，为数据中心工程的监理工作提供了规范支撑，有效提升数据中心工程建设的标准化水平。

7）《信息技术服务 监理 第 7 部分：监理工作量度量要求》GB/T 19668.7—2022

发布时间：2022 年 10 月 14 日

重点内容：《信息技术服务 监理 第 7 部分：监理工作量度量要求》GB/T 19668.7—2022 从监理对象和监理工作量测算两个方面规定了监理工作量的度量要求。监理对象方面明确了部署实施环节、运行维护环节中的监理度量对象及监理工作度量内容；监理工作量测算方面明确了测算标准及公式。该标准自 2023 年 5 月 1 日起实施。

政策解读：《信息技术服务 监理 第 7 部分：监理工作量度量要求》GB/T 19668.7—2022 适用于信息系统工程监理服务的工作量度量，目的在于明确信息系统工程建设中部署实施及运行维护等环节监理任务工作量度量的要求，为监理服务工作量的测算和评估提供指导依据。

2.《信息技术服务 信息系统服务监理规范》SJ/T 11684—2018

所属分类：行业推荐性标准

发布时间：2017 年 / 月 4 日

发布单位：工业和信息化部

发布背景：随着信息技术（如云计算、物联网、移动互联、大数据以及其他 IT 技术等）的迅猛发展，IaaS、PaaS、SaaS 等信息系统服务得到广泛应用。针对项目的管理已向针对服务的管理转变，现有规范或 GB/T 19668 系列规范以工程项目或子系统为监理服务对象，《信息技术服务 信息系统服务监理规范》SJ/T 11684—2018 在 ITSS（信息技术服务标准）体系框架内，以服务型项目为监理服务对象，扩大了监理服务范围。

重点内容：《信息技术服务 信息系统服务监理规范》SJ/T 11684—2018 规定了信息系统服务监理的管理要求，给出了信息系统服务的规划设计、招标、实施、验收四个阶段的监理内容和监理要点，同时强调对文档的监理要求，并给出了信息系统服务监理质量的评价指标。该规范自 2018 年 10 月 1 日起实施。

发布意义：《信息技术服务 信息系统服务监理规范》SJ/T 11684—2018 是对 GB/T 19668 系列规范的细化与补充，其针对信息技术服务领域的专业特点，细化了新兴技术场景下的监理要求，强化了全生命周期过程管控，并突出了对服务模式的规范。该标准作为行业配套规范，既与国标形成互补，又更具行业适用性和技术前瞻性，为信息技术服务项目提供了更精准的监理依据，推动了监理标准体系的完善与实践创新。

现行情况：现行有效。

政策解读：《信息技术服务 信息系统服务监理规范》SJ/T 11684—2018 是工业和信息化部针对信息系统服务全生命周期制定的监理行业标准，在国标框架下细化了信息技术服务领域的监理要求，强化了新兴技术应用的监理规范，通过明确监理内容、流程和控制要点，并制定信息系统服务监理质量的评价指标，为提升信息化项目质量、控制风险提供了行业性实施指南。

3.《涉密信息系统工程监理规范》BMB18—2018

所属分类：行业强制性标准

发布时间：2018 年

发布单位：国家保密局

发布背景：随着信息化快速发展，涉密信息系统面临日益复杂的安全威胁。为贯彻《网络安全法》《保守国家秘密法》要求，亟须配套技术标准规范工程建设，确保国家秘密安全可控。2018 年起，国家保密局印发通知停止保密行政管理部门涉密工程、货物和服务审查确认工作，同时落实保密依法行政，转变涉密工程监管方式，加大对涉密工程（项目）事中、事后的监管力度。上述法规政策与工作要求的调整，客观上要求对原 BMB18—2006 标准进行相应的修订与完善。

重点内容：《涉密信息系统工程监理规范》BMB18—2018 明确了涉密信息系统在新建、改建和扩建过程中监理的工作流程、方法和内容，要求监理对涉密信息系统工程实施监督管理，以支撑和保障涉密信息系统工程建设顺利进行及全周期安全。

发布意义：《涉密信息系统工程监理规范》BMB18—2018 作为国家保密领域

的重要技术标准，为涉密信息系统工程建设提供了统一的监理要求和操作指南。其发布适应了国家保密监管方式从事前审批向事中事后监管转变的改革需要，并针对新技术应用带来的安全风险提出了针对性管控措施。通过规范监理工作流程和技术要求，该标准适应时下涉密信息系统工程监理场景，显著提升了涉密信息系统工程建设的规范性和安全性，强化了全过程保密管理，为落实国家保密法律法规、防范泄密风险提供了重要技术支撑，对维护国家安全和利益具有重要作用。

现行情况：现行有效。

政策解读：《涉密信息系统工程监理规范》BMB18—2018 在 2006 版本的基础上进行了完善，明确了涉密信息系统在新建、改建和扩建过程中监理的工作流程、方法和内容。其发布既适应了监管方式转变需求，又完善了新技术场景下的监理要求，对提升涉密工程管理质效具有重要意义。

2.2 省市与行业相关政策和标准

2.2.1 相关政策

1.《北京市信息系统工程监理管理办法（试行）》（京信息办〔2002〕67 号）

所属分类：地方性规范性文件

发布时间：2002 年 5 月 31 日

发布单位：北京市信息化工作办公室（现北京市经济和信息化局）

发布背景：21 世纪初期，北京市作为全国信息化建设前沿城市，面临政务与公共服务信息化项目快速增长的需求。为了加强对北京市信息系统工程监理活动的规范化管理，保障信息系统工程的质量，北京市依据《北京市政务与公共服务信息化工程建设管理办法》及信息产业部的授权，在国家尚未出台统一规范的背景下，先行制定地方监理制度。

重点内容：《北京市信息系统工程监理管理办法（试行）》（京信息办〔2002〕67 号）规定了信息系统工程的定义、信息系统工程监理的定义，以及北京市信息系统工程监理相关管理部门和职责；明确了北京市推行信息工程监理制度（包括强制监理的范围）、工程承建和监理分离制度、监理单位和监理工程师的分级制度、可开展的活动和不得开展的行为，以及违反办法的惩罚。

发布意义：作为国内首个省级信息系统工程监理规范性文件，其发布标志着北京市率先将监理制度纳入信息系统工程建设管理体系，推行信息系统工程监理制度。作为国家规定《信息系统工程监理暂行规定》（信部信〔2002〕570号）（2002年11月28日发布）出台前的地方试点，北京市在监理范围、资质分级、监理活动等方面先行先试，为国家政策提供实践依据，国家办法的出台也印证了地方探索对国家信息系统工程治理体系完善的推动作用，其部分内容（如资质分级、工程承建和监理分离等）已被吸收到现行信息系统工程建设管理框架中，持续影响行业规范。

现行情况：依据国务院2014年关于取消资质认证的系列决定，根据工业和信息化部公告2016年第26号废止。

政策解读：《北京市信息系统工程监理管理办法（试行）》（京信息办〔2002〕67号）是北京市在信息系统工程监理领域的早期探索，是地方政府运用行政手段加强行业管理的体现。它与国家层面的相关政策相互呼应，通过明确管理主体和职责，规范资质审核流程，初步搭建起本市信息系统工程监理的管理体系，对当时规范本市信息系统工程建设市场、提升工程质量具有重要意义，也为后续更细化、更完善的政策法规出台积累了经验。

2.《中国电子企业协会信息系统工程监理 服务标准贯标管理办法》（中电企协〔2021〕06号）

所属分类：行业管理办法

发布时间：2021年3月29日

发布单位：中国电子企业协会

发布背景：随着信息系统工程在各行业的深度应用，项目规模日益庞大，技术复杂度持续攀升。然而，信息系统工程监理服务市场上，各企业对服务标准的执行情况差异显著，导致服务质量难以保证，项目纠纷时有发生。为了改善这一局面，加强行业自律，促进信息系统工程监理行业健康、有序发展，中国电子企业协会依据行业发展需求与实际情况，制定并发布了《中国电子企业协会信息系统工程监理服务标准贯标管理办法》（中电企协〔2021〕06号）。

重点内容：《中国电子企业协会信息系统工程监理 服务标准贯标管理办法》（中电企协〔2021〕06号）明确了贯标适用的协会会员单位及相关机构人员，以推动服务标准化；规定协会负责指导监督，分会组织实施，明确各方职责；细化申请、受理、评审、公示、颁证流程，依据相关标准多维度评审；设置甲级、乙级等贯标等级，明确证书有效期及复审要求；建立监督检查机制，对违规单位给予警告、撤销证书等处罚。

发布意义：《中国电子企业协会信息系统工程监理 服务标准贯标管理办法》（中电企协〔2021〕06 号）助力监理单位对照标准改进服务，提升竞争力，凭证书拓展业务；统一行业贯标规范，减少市场乱象，推动行业专业化发展；为业主单位选择监理单位提供参考，降低项目风险，保障项目顺利实施。

现行情况：现行有效。

政策解读：《中国电子企业协会信息系统工程监理 服务标准贯标管理办法》（中电企协〔2021〕06 号）是信息系统工程监理行业标准化建设的关键举措，紧密呼应国家推动信息化建设过程中对规范行业发展的政策导向。通过标准化、规范化的贯标管理手段，促使信息系统工程监理单位提升服务质量，优化行业生态。其细化了行业标准的执行要求，完善了行业监管机制，为行业各方提供了切实可行的操作指南，对推动信息系统工程监理行业高质量发展、助力我国信息化建设稳步推进具有重要意义。

3.《中国电子企业协会信息系统工程监理 服务质量检查管理办法（试行）》（中电企协〔2024〕18 号）

所属分类：行业管理办法

发布时间：2024 年 9 月 5 日

发布单位：中国电子企业协会

发布背景：为做好监理服务质量检查工作，保障监理服务质量，树立监理服务品牌，引导监理单位提供高质量的服务，强化行业自律，防止“内卷式”恶性竞争，促进行业有序、健康、规范发展，依据《信息系统工程监理服务标准体系》T/CEEA JC.001—2020 的要求，中国电子企业协会发布了《中国电子企业协会信息系统工程监理 服务质量检查管理办法（试行）》（中电企协〔2024〕18 号）。

重点内容：《中国电子企业协会信息系统工程监理 服务质量检查管理办法（试行）》（中电企协〔2024〕18 号）针对持贯标证书的会员单位，由协会监理分会对其 2024 年 9 月 1 日后签订合同且通过验收的项目实施检查，检查内容包括服务资源、过程、结果、文档等，并明确了质量检查机构和职责、检查分类和程序、监督管理及罚则，对不达标单位给予警告、降低等级、暂停或撤销证书等处罚。

发布意义：《中国电子企业协会信息系统工程监理 服务质量检查管理办法（试行）》（中电企协〔2024〕18 号）的发布督促监理单位提升服务质量，增强竞争力；统一了检查标准，规范市场秩序，提升行业公信力；为业主选择监理单位提供参考，降低项目风险。

现行情况：试行。

政策解读：《中国电子企业协会信息系统工程监理 服务质量检查管理办法（试行）》（中电企协〔2024〕18号）是信息系统工程监理行业标准化建设的重要一环，积极响应了国家推动信息化建设过程中对规范行业发展、提升服务质量的政策导向。通过标准化、规范化的服务质量检查管理手段，完善了行业质量监管机制，为行业各方提供了明确的质量评判与改进方向，有助于推动信息系统工程监理行业高质量发展，为我国信息化建设事业的稳健前行提供有力支撑。

2.2.2 执行标准

1.《信息系统工程监理规范》DB35/T 1508—2015

所属分类：地方标准

发布时间：2015年6月26日

发布单位：福建省质量技术监督局（现福建省市场监督管理局）

发布背景：在国家层面监理标准体系的基础上，为适应福建省信息系统工程建设的快速发展，提升福建省内信息系统工程项目的管理水平和投资效益，亟须制定一套具有地方适用性、可操作性的监理工作基础规范。《信息系统工程监理规范》DB35/T 1508—2015应运而生，旨在统一和规范福建省内监理活动的基本要求、工作内容和方法，为监理单位、业主单位及相关方提供明确的技术指引。

重点内容：《信息系统工程监理规范》DB35/T 1508—2015在GB/T 19668系列等标准基础上，补充规定了监理工作原则及实施要求，适用于通用布缆系统、电子设备机房系统、计算机网络系统、软件开发等的监理实施。

发布意义：《信息系统工程监理规范》DB35/T 1508—2015规范了福建省内监理单位的服务行为，提升监理行业整体服务水平，促进监理市场的良性竞争与健康发展。通过标准化的监理流程，有效提高信息系统工程建设质量，降低项目风险，推动福建省信息系统工程建设高效、有序开展。

现行情况：现行有效。

政策解读：《信息系统工程监理规范》DB35/T 1508—2015是福建省结合本地信息系统工程建设实际情况，对监理工作的全面梳理与规范。其与国家相关政策法规相呼应，在国家宏观政策框架下，细化了适合本省的监理工作要求与流程。通过对监理工作全流程的标准化规定，推动福建省信息系统工程监理行业向规范化、专业化迈进，是地方政府运用标准化手段提升信息系统工程建设管理水平的重要举措，对促进福建省信息系统工程产业发展、提升政务与公共服务信息系统工程水平具有积极意义。

2.《信息系统工程监理服务标准体系》T/CEEA JC.001—2020

所属分类： 团体标准

发布时间： 2020 年 7 月 28 日

发布单位： 中国电子企业协会

发布背景： 为解决监理领域标准分散、缺乏协同的问题，中国电子企业协会牵头制定了《信息系统工程监理服务标准体系》T/CEEA JC.001—2020。其定位为"标准的标准"，旨在统一基础通用、服务管理标准、技术服务和服务评价标准的规则框架。

重点内容：《信息系统工程监理服务标准体系》T/CEEA JC.001—2020 规定了监理服务标准体系的层次结构（包括基础通用标准、服务管理标准、技术服务标准、服务评价标准）、标准编号编码规则、标准明细表、标准制修订计划等内容，适用于中国电子企业协会有关监理服务标准的制修订与管理。

发布意义：《信息系统工程监理服务标准体系》T/CEEA JC.001—2020 实现了两大突破：一是顶层设计创新，首次以"框架＋规则"形式整合监理标准生态，终结了以往标准"各自为政"的局面；二是行业治理升级，通过编码规则约束细则制定权，为监理服务从"基础合规"向"能力分级认证"转型奠定制度基础。其作为团体标准的"宪法"，直接指导了后续细则的制定逻辑。

现行情况： 现行有效。

政策解读： 该体系标志着监理行业进入体系化发展新阶段。其以科学的层次划分和编码规则，构建了可扩展的标准生态，既防止了标准泛滥，又为行业自律提供了技术抓手。

3.《信息系统工程监理 服务评价 第 1 部分：监理单位服务能力评估规范》T/CEEA PJ.001—2020

所属分类： 团体标准

发布时间： 2020 年 7 月 28 日

发布单位： 中国电子企业协会

发布背景： 为响应行业对监理单位能力量化评价的迫切需求，中国电子企业协会在《信息系统工程监理服务标准体系》T/CEEA JC.001—2020 框架下制定《信息系统工程监理 服务评价 第 1 部分：监理单位服务能力评估规范》T/CEEA

PJ.001—2020。其旨在解决监理市场能力参差不齐、业主单位选择缺乏客观依据的问题，通过建立统一评估体系，推动监理单位从“资质门槛”向“能力建设”转型。

重点内容：《信息系统工程监理 服务评价 第 1 部分：监理单位服务能力评估规范》T/CEEA PJ.001—2020 构建了监理单位能力评估体系，明确甲、乙、丙、丁四级分类，设置单位基本情况、财务、信用、项目完成、管理能力、技术能力 6 大类 27 项量化指标（如甲级要求近三年监理收入≥ 3000 万元、覆盖≥ 3 省份），并配套贯标认证流程与服务满意度评价机制。

发布意义：《信息系统工程监理 服务评价 第 1 部分：监理单位服务能力评估规范》T/CEEA PJ.001—2020 为监理单位能力提供可量化评估依据，助力业主单位科学选择监理单位，促进行业优胜劣汰；通过统一标准提升监理服务专业性与公信力，推动行业从“粗放发展”向“质量优先”转型。

现行情况：现行有效。

政策解读：《信息系统工程监理 服务评价 第 1 部分：监理单位服务能力评估规范》T/CEEA PJ.001—2020 作为《信息系统工程监理服务标准体系》中“评价改进类”的首批细则之一，首次以团体标准形式将监理单位能力评估标准化，标志着行业从“资质管理”向“能力管理”深化，既衔接国标框架，又通过分级指标适应不同规模企业发展需求，为项目监管提供了市场化工具。

4.《信息系统工程监理 服务评价 第 4 部分：服务成本度量指南》T/CEEA PJ.004—2020

所属分类：团体标准

发布时间：2022 年 3 月 7 日

发布单位：中国电子企业协会

发布背景：随着信息系统工程规模与复杂度不断提升，监理服务成本的合理估算与控制成为行业关注焦点。此前市场上缺乏统一、科学的监理服务成本度量方法，导致项目预算偏差大、成本纠纷频发。为解决这些问题，基于行业多年实践经验以及中国电子企业协会为会员单位服务所积累的经验，中国电子企业协会在《信息系统工程监理服务标准体系》T/CEEA JC.001—2020 框架下制定发布了《信息系统工程监理 服务评价 第 4 部分：服务成本度量指南》T/CEEA PJ.004—2020。

重点内容：《信息系统工程监理 服务评价 第 4 部分：服务成本度量指南》T/

CEEA PJ.004—2020 明确了信息系统工程监理服务成本估算的基本流程，涵盖从项目前期准备到具体测算、结果评估等环节；规定了测算原则，如科学性、合理性、全面性等，确保成本估算准确可靠；介绍多种成本测算方法，包括类比估算法、参数估算法、自下而上估算法等，并说明了不同方法适用场景；详细阐述成本测算过程，对人工成本（监理工程师薪酬、福利等）、设备成本（检测设备购置或租赁等）、管理成本（办公场地租赁、行政费用等）以及其他相关成本（差旅费、培训费等）的计算方式与考量因素均有明确规定；适用于信息系统工程监理单位在承接项目时预估成本，也为业主单位在项目预算阶段和实施阶段审核监理服务成本提供依据。

发布意义：《信息系统工程监理 服务评价 第 4 部分：服务成本度量指南》T/CEEA PJ.004—2020 的发布，对监理单位而言，有助于其更精准地预估项目成本，合理制定报价策略，避免因成本估算失误导致项目亏损或报价过高失去市场竞争力。对业主单位来说，可作为审核监理服务成本预算的依据，防止成本虚高，保障项目资金合理使用。从行业层面看，统一的成本度量标准减少了因成本认知差异引发的纠纷，促进市场交易公平公正，提升监理行业整体规范化水平，推动行业健康发展。

现行情况：现行有效。

政策解读：《信息系统工程监理 服务评价 第 4 部分：服务成本度量指南》T/CEEA PJ.004—2020 是信息系统工程监理行业标准化建设的重要成果，是对行业实践经验的总结与升华。其呼应了国家推进信息化建设过程中对项目成本精细化管理的要求，通过标准化手段规范监理服务成本度量行为，既考虑了监理服务的专业性与复杂性，又兼顾市场实际情况，为行业各方提供了可操作的成本度量方法，助力提升信息系统工程建设项目的投资效益与管理水平，是推动信息系统工程监理行业高质量发展的重要举措。

5.《信息系统工程监理 服务评价 第 5 部分：服务质量评价规范》T/CEEA PJ.005—2020

所属分类：团体标准

发布时间：2022 年 3 月 7 日

发布单位：中国电子企业协会

发布背景：随着信息系统工程的规模不断扩大，技术复杂度持续提升，业主单位、监理单位以及行业管理机构等各方对监理服务质量的关注度与日俱增。然而，此前市场上缺乏统一、明确的服务质量评价标准，导致评价结果主观性强、差异大，无法真实反映监理服务实际水平。为解决这些问题，促进信息系统工程监理行业健康、有序发展，中国电子企业协会依据行业实践经验和发展需求，制定并发布了《信息系统工程监理 服务评价 第5部分：服务质量评价规范》T/CEEA PJ.005—2020。

重点内容：《信息系统工程监理 服务评价 第5部分：服务质量评价规范》T/CEEA PJ.005—2020构建了包含服务资源、过程、结果、文档的评价指标体系，如资源指标关注人员资质和设备配备，过程指标把控项目各阶段执行；明确评价准备、数据收集、现场检查到综合评价的流程；规定评价结果以量化得分或等级呈现，用于监理单位改进、业主选择及行业监管，适用于多方主体的质量评价场景。

发布意义：《信息系统工程监理 服务评价 第5部分：服务质量评价规范》T/CEEA PJ.005—2020的发布帮助监理单位找准提升方向，优化资源和服务；助力业主单位科学选择监理单位、高效监督，保障项目效益；统一标准减少评价乱象，促进行业公平竞争，推动监理行业向规范化、专业化发展，提升行业公信力。

现行情况：现行有效。

政策解读：《信息系统工程监理 服务评价 第5部分：服务质量评价规范》T/CEEA PJ.005—2020是信息系统工程监理行业标准化建设的重要成果，是对行业长期实践经验的系统总结与提炼。它紧密响应国家推进信息化建设过程中对项目质量精细化管理的要求，通过标准化手段将监理服务质量评价工作流程化、指标化，既充分考虑了信息系统工程监理服务的专业性、复杂性特点，又结合市场实际需求，为行业各方提供了切实可行的服务质量评价工具，有助于提升信息系统工程建设项目的整体质量与管理水平，是推动信息系统工程监理行业高质量发展的关键举措，对我国信息化建设事业的稳步推进具有重要支撑作用。

6.《信息系统工程服务能力评价 第4部分：监理》T/CCUA 010.4—2020

所属分类：团体标准

发布时间：2020年12月1日

发布单位：中国计算机用户协会

发布背景：信息系统工程项目日益复杂，不同企业的监理服务能力参差不齐，导致项目质量难以保障。为完善信息系统工程监理服务的标准化、一体化工作，规范行业管理，中国计算机用户协会顺应行业发展需求，制定并发布了《信息系统工

程服务能力评价 第4部分：监理》T/CCUA 010.4—2020。

重点内容：《信息系统工程服务能力评价 第4部分：监理》T/CCUA 010.4—2020规定了对从事信息系统工程监理服务的企业或组织的监理服务能力进行评价的相关要求。其适用于任何规模和业务领域的信息系统工程企业或组织，明确了信息系统工程监理服务能力等级框架，将监理服务能力分为甲级和乙级两个等级；规范了能力评价的主要内容及流程；规定了在各等级中企业应满足的制度、人员、资源、技术和过程方面的要求；提出了信息系统工程监理服务能力评价的周期、组织机构、评价人员的构成及评价后的管理原则。

发布意义：《信息系统工程服务能力评价 第4部分：监理》T/CCUA 010.4—2020的发布帮助监理单位明确能力提升方向，增强市场竞争力；助力业主单位科学筛选监理服务，降低项目风险；统一行业评价标准，规范市场秩序，推动监理行业专业化、规范化发展。

现行情况：现行有效。

政策解读：《信息系统工程服务能力评价 第4部分：监理》T/CCUA 010.4—2020是信息系统工程监理行业标准化建设的重要成果。通过标准化手段，对信息系统工程监理服务能力进行量化评估与分级管理，既考虑了行业发展的实际需求，又兼顾不同规模企业的发展现状。它完善了相关标准在该领域的空缺，为行业各方提供了切实可行的操作指南，对推动信息系统工程监理行业高质量发展具有重要意义。

7.《政务信息化项目监理服务规范》T/EGAG010—2022

所属分类：团体标准

发布时间：2022年4月13日

发布单位：广东省电子政务协会（现广东省数字政务协会）

发布背景：随着政务信息系统工程项目规模不断扩大、复杂度持续增加，为提升项目建设质量，保障项目符合政务工作要求，规范监理服务市场，亟须一套针对政务信息系统工程项目监理服务的详细标准，《政务信息化项目监理服务规范》T/EGAG010—2022应运而生。

重点内容：《政务信息化项目监理服务规范》T/EGAG010—2022围绕政务信息系统工程项目监理服务全流程，详细规定启动、实施、验收及通用管理阶段的服务要求，并拆解为26个具体服务场景。从启动阶段的监理规划编制、合同审核，到实施阶段针对基础设施、软件开发、运行维护等不同类型项目的方案与报告审核，再到验收阶段的文档审核与组织验收，以及通用管理阶段的会议协调等，全方位规范监理工作内容与流程。

发布意义：《政务信息化项目监理服务规范》T/EGAG010—2022 的发布为政务信息系统工程项目监理工程师提供明确操作指南，使监理工作流程化、标准化，提升监理服务质量；有助于业主单位更好地监督管理监理服务，保障政务信息系统工程项目顺利实施，提高项目成功率与建设效益，同时也为监理服务质量评价和服务过程改进提供了客观依据，推动政务信息系统工程项目监理行业健康发展。

现行情况：现行有效。

政策解读：《政务信息化项目监理服务规范》T/EGAG010—2022 是对政务信息系统工程项目监理服务的全面梳理与规范，具有创新性。在场景颗粒度上，将监理服务细化为 26 个场景；技术适配性方面，既涵盖通用 IT 监理要求，又融入政务专属特色，如等保测评、数据资源共享要求等。该规范与 GB/T 19668 系列标准形成互补，横向新增政务特色条款，纵向深化验收阶段划分。通过标准化手段，促使政务信息系统工程项目监理服务更贴合政务工作实际需求，提升政务信息系统工程建设的整体水平，符合国家推进政务数字化转型、提升政务服务效能的政策导向。

8.《信息系统项目监理企业能力评估标准》T/ZJXTJC 008—2024

所属分类：地方性团体标准

发布时间：2024 年 8 月 28 日

发布单位：浙江省计算机信息系统集成行业协会

发布背景：浙江省作为数字化改革先行区，政务云、城市大脑等新型信息系统工程项目对监理服务提出本地化、专业化新要求，为解决省内监理单位能力与地方需求适配问题，特制定此标准。

重点内容：《信息系统项目监理企业能力评估标准》T/ZJXTJC 008—2024 围绕信息系统项目监理单位的技术能力展开，聚焦浙江本地化场景，设置甲、乙、丙三级评估体系，在财务指标（如乙级要求省内项目收入占比≥ 60%）、人员资质（需含“数字化工程师”认证）、项目经验（近三年承担≥ 3 个省内政府数字化项目）中嵌入地方特色要求，并新增“数字化监理工具应用”“碳效监理”等指标，对接浙江“双碳”与数字化改革目标。

发布意义：《信息系统项目监理企业能力评估标准》T/ZJXTJC 008—2024 的发布强化了监理单位对浙江本地信息系统工程项目的服务适配性，通过地域倾斜指标引导监理单位扎根地方市场；以“数字化监理”“数据安全监理”等专项能力要求，推动监理服务与地方政策深度融合，提升省内项目建设质量与效益。

现行情况：现行有效。

政策解读：《信息系统项目监理企业能力评估标准》T/ZJXTJC 008—2024是全国性监理能力评估体系的地方创新实践，体现“国家框架＋地方特色”的标准化思路。通过将省级数字化改革需求纳入评估指标，既落实《浙江省数字化发展条例》要求，又为地方监理单位划定差异化发展路径，是运用标准化手段提升区域信息系统工程治理能力的典型范例。

9.《信息系统项目监理师评估标准》T/ZJXTJC 009—2024

所属分类：地方性团体标准

发布时间：2024 年 8 月 28 日

发布单位：浙江省计算机信息系统集成行业协会

发布背景：随着浙江省信息系统工程项目建设规模的扩张与复杂度的增加，传统监理工程师的能力评判方式难以适应新形势。为筛选出具备专业能力、符合地方信息系统工程建设需求的监理工程师，提升项目建设质量，浙江省计算机信息系统集成行业协会制定并发布了《信息系统项目监理师评估标准》T/ZJXTJC 009—2024。

重点内容：《信息系统项目监理师评估标准》T/ZJXTJC 009—2024 提出了监理工程师的能力模型及评估标准，涵盖了监理工程师的能力要求、评估方法、评估指标，并将其划分为监理师和高级监理师两个等级；从知识、技能和经验三个维度详细描述了各级监理工程师应具备的能力要素，并通过量化等级明确了具体要求；评估方法包括笔试、实务模拟、现场答辩、职业业绩鉴定等多种形式，以确保评价的全面性和准确性；规定了监理工程师需定期接受继续教育，以保持其能力水平，并明确了继续教育的内容、形式和学时要求。整体上为监理工程师的招聘、评价、培养及业主单位的选择提供了明确的参考依据。

发布意义：《信息系统项目监理师评估标准》T/ZJXTJC 009—2024 的发布为浙江省内信息系统工程项目业主单位提供了可靠的监理工程师筛选依据，有助于选拔出真正能保障项目顺利推进的专业人才。激励监理工程师不断提升自身专业能力，促进人才队伍的良性竞争，提升整体素质。规范地方信息系统工程项目监理人才市场，推动浙江省信息系统工程项目建设行业朝着高质量、专业化方向发展。

现行情况：现行有效。

政策解读：《信息系统项目监理师评估标准》T/ZJXTJC 009—2024 是浙江省结合本地信息系统工程项目建设特色，对监理工程师能力评估工作的创新性探索，既遵循国家相关行业规范大方向，又融入地方政务信息系统工程建设、数字化改革等实际需求，如对省内数字化项目监理经验、数字化监理工具运用能力的要求。通过标准化评估，引导监理师提升专业能力，紧密贴合地方信息系统项目建设需要，是地方政府运用标准化手段提升行业人才质量、推动信息系统工程建设发展的有力举措。

第3章 信息系统工程监理案例——质量控制

3.1 浅谈信息系统工程中的质量控制

质量是信息系统工程监理中的关键要素，信息系统工程的质量是一个多维度、综合性的概念，它不仅涉及最终交付的信息系统产品本身的特性，还包含整个工程建设过程的规范性与有效性。其核心是系统在生命周期内（从规划、设计、开发、实施到运维）能否满足用户需求、符合行业标准，并实现预定功能与目标。信息系统工程质量通常包括：功能、性能、安全性、可靠性、易用性以及可扩展性等多方面内容，但最根本的还要看信息系统工程完成之后能否满足业主单位预期的要求。

1. 质量控制的重要性

质量、进度、投资并列为信息系统工程建设项目的三大目标。

通过有效的质量控制措施保证系统的功能符合用户的业务需求，有助于实现系统的性能目标，提高系统可靠性和稳定性。有效的质量控制可以降低系统故障的发生率，增强系统的稳定性与可靠性，降低后期系统维护成本。高质量的信息系统工程基础设施是信息系统稳定运行的关键支撑，高质量的软、硬件设备及集成工作也能减少项目运维期间更换、维修的次数，从而降低维护成本。

2. 质量控制的基本思路

质量控制应贯穿于项目的整个生命周期，包括项目的需求分析、设计、实施、测试、试运行、验收等各个阶段，需进行全过程动态跟踪控制。

3. 各阶段监理机构开展质量控制的要点

1）需求分析阶段

协助业主单位明确系统的功能、性能、安全等方面的需求，对项目的需求规格说明书进行审查，对其他现场需求进行确认，明确质量目标。

2）设计阶段

推动业主单位、承建单位对工程需求和设计进行规范化的技术描述，对设计方案进行审核；促使工程计划、设计方案满足工程需求，符合相关的法律、法规和标准，并与工程建设合同相符，具有可验证性；针对专业性强的技术方案，可协助业主单位组织行业专家开展方案评审。

3）实施阶段

对硬件设备的采购、到货验收、安装调试等环节进行质量控制。检查设备的型号、规格是否符合要求，设备质量是否合格。监督软件开发过程中的软件质量，通过单元测试等手段确保软件符合规范和设计要求。对现场实施关键工序进行旁站，对隐蔽工程进行检查，确保实施过程符合质量要求。

4）测试阶段

督促承建单位制定针对性的测试方案，审查测试方案的全面性和合理性，包括测试用例的设计、测试环境的搭建等。监督测试过程，确保测试工作按计划进行，及时发现和解决测试过程中出现的问题。针对专业性强的内容需要求具备资质的专业机构进行测试。

5）验收阶段

审核验收文档的完整性和准确性，包括用户手册、技术手册、测试报告等。监督系统的试运行情况，收集用户反馈，检查系统是否满足用户需求和质量要求。针对系统存在的问题，要求承建单位进行整改，确保系统最终达到验收标准。

质量控制贯穿于信息系统工程建设的各个阶段，项目质量目标的实现需要业主单位、承建单位和监理机构共同努力，监理机构应认真、准确地做好各阶段质量控制工作，采用科学的方法和工具进行管理和控制，以确保项目质量符合要求，防范质量风险。

3.2 质量控制案例及解析

3.2.1 案例一：系统集成及软件开发项目

1. 案例背景

为推动医疗卫生机构数字化转型，提升医疗服务效率与管理水平，某地政府投资建设了医院信息化系统升级改造项目。该项目建设主要包括对医院部分核心业务系统进行升级改造，项目建设内容见表 3-1。

项目建设内容 **表 3-1**

系统模块	建设内容
门诊叫号系统	软件平台开发、硬件设备安装及集成，实现患者就诊流程智能化管理
住院诊疗系统	涵盖电子病历、医嘱管理、护士站管理等功能模块的软件开发与调试
财务收费系统	收费结算、票据管理、财务报表生成等功能的信息化实现
门禁安防系统	门禁控制、视频监控、入侵报警等硬件设备部署及系统集成

项目需满足医院门诊、住院、财务、安保等多科室业务需求，包含软件平台开发、硬件安装调试及系统集成等工作。项目实施过程中发生以下事件：

事件1：在项目实施过程中，监理工程师小周发现软件开发环节出现多次返工情况。经深入审查分析，根源在于软件需求文档存在部分内容描述模糊、界定不清的问题，导致承建单位开发团队对部分功能需求的理解产生偏差，进而影响开发进度与系统质量。

事件2：为检验系统质量，监理机构组织承建单位与用户依据合同及招标投标文件开展系统测试，测试过程中发现以下问题：

（1）门诊叫号系统出现功能异常8次，包括队列显示错误、呼叫延迟等。

（2）财务收费系统出现数据处理问题3次，涉及收费项目匹配错误等。

（3）门禁安防系统出现硬件对接问题2次，表现为门禁卡识别失败等。

（4）月底财务报表生成不准确。

问题1：事件1中，针对软件需求文档存在的问题，监理机构应该采取哪些措施？

问题2：事件2中，针对测试过程中发现的质量问题，监理机构可以采取哪些改进措施？

2. 案例解析

解析问题1：

针对软件需求文档中存在的描述不清问题，监理机构应该组织召开需求澄清会议，邀请用户、承建单位共同参与，对模糊不清的需求进行明确和细化。要求承建单位根据澄清后的需求更新需求文档，并建立需求变更管理流程，对后续的需求变更进行严格控制和记录。

解析问题2：

针对测试过程中发现的质量问题，监理机构可以采取以下措施：

（1）强化测试覆盖，要求承建单位扩充测试用例库（新增业务场景用例156条），开展压力测试（模拟200人并发场景）和兼容性测试（适配多种主流浏览器），建立《缺陷追踪表》并进行闭环管理。

（2）加强与用户的沟通，针对财务报表不准确问题深入了解和分析原因，识别系统问题和使用问题，并按照用户需求和期望进行优化调整，确保调整后的财务报表准确、易用。

（3）核心业务应急保障，针对叫号系统等核心、高频率使用系统，制定《系统故障应急预案》，明确故障分级标准及恢复流程，确保故障发生后能及时解决。参考如下：

① 故障级别定义：

一级故障：系统完全中断或核心功能失效，导致业务全面瘫痪，可能造成重大经济损失、安全事故或社会影响。

二级故障：系统核心功能部分失效，或非核心功能完全失效，导致业务部分受阻，影响范围较大。

三级故障：系统非核心功能异常，对业务影响有限，用户体验下降但不阻碍主要业务流程。

四级故障：系统存在小问题需优化，不影响业务运行，用户感知度低。

② 响应及恢复要求见表 3-2。

响应及恢复要求 **表 3-2**

故障级别	首次响应时间（承建单位工程师介入）	故障解决时间（恢复正常）	备注
一级故障	立即响应（≤15分钟）	紧急修复（≤2小时），若无法修复需启动应急预案（如切换至灾备系统）	需启动最高级应急机制，承建单位项目负责人全程督办
二级故障	快速响应（≤30分钟）	优先修复（≤4～8小时）	承建单位核心团队介入，避免升级为一级故障
三级故障	常规响应（≤2～4小时）	计划修复（≤24～48小时）	可在业务低峰期处理，不影响核心流程
四级故障	定期响应（≤1～2个工作日）	安排修复（≤7个工作日）	纳入迭代优化计划，不紧急处理

（4）委托具有测试资质的第三方机构进行软件测试。

思考总结：质量控制需贯穿项目全生命周期，从前期需求确定到后期问题整改形成完整闭环。提高需求分析的准确性及测试的覆盖率是减少返工、提高软件系统质量的关键。

3.2.2 案例二：数据中心项目

1. 案例背景

某数据中心建设项目以构建功能完备的数据处理枢纽为目标，建设内容涵盖安防监控、综合布线、软硬件集成、机房建设、门禁系统等多个子系统。

为保障项目顺利推进，监理机构在启动阶段向承建单位提出了一系列严谨且规范的实施要求，包括：工程材料报验、隐蔽工程验收等相关制度。

设备采购到货后，承建单位依照规定提交《工程材料设备报审表》，监理机构随即组织三方开展到货验收工作，严格按照合同约定的技术标准和验收规范，对设备及材料的外观、性能、质量证明文件等进行查验，三方确认无误后签署了《工程材料设备验收单》。

事件 1： 设备安装上架时，监理工程师小周对安装现场进行旁站。经检查，小周敏锐发现有 10 台服务器设备序列号与到货验收记录的序列号并不一致，小周立即联系承建单位项目经理赵经理询问，赵经理经核实后回复："实在抱歉，这批设备原存放在公司库房中，应该是在取货时被拿错了，我们立即更换。"

事件 2： 前端监控立杆的基础施工完工后，承建单位未按既定的隐蔽工程验收制度执行，在未取得监理机构同意的情况下，擅自完成了混凝土基础的浇筑和掩埋工作。当小周抵达施工现场时，基础已被完全覆盖，无法正常开展隐蔽工程验收工作，关键工序质量无法核实。

事件 3： 系统上线试运行的某天，赵经理接到用户电话报修："赵经理，系统中的数据无法实时同步，这个问题很紧急，你们尽快排查原因并解决。"半小时后，承建单位技术人员迅速定位了问题原因，但未与业主单位、监理机构沟通，擅自对生产环境系统进行了升级，升级过程未进行记录，升级后也未进行系统验证。此次升级引发了新的系统故障，造成长达 2 小时的系统宕机，严重影响业务开展。小周获知消息后立即向赵经理提出质问："赵经理，你们为什么不按照版本更新流程，提交版本更新申请后进行系统升级？"赵经理回应道："我们当时考虑尽快解决用户反映的问题，缩短故障时间，一时疏忽未履行版本更新流程，没想到会出现这样的情况。"

事件 4： 项目进入竣工验收阶段，小周组织专业人员对承建单位的建设内容及项目文档进行了系统性审查。审查发现，项目文档存在多处与实际建设成果及合同约定不符的情况，例如：部分功能模块的技术描述与实际实现的功能存在偏差；文档中记录的某些关键设备安装调试完成时间与实际施工日志记载的时间存在矛盾等。小周立即以书面形式向承建单位指出了上述问题，要求其限期修改完善并重新提交合格的项目文档。然而，在小周多次催促下，承建单位仍未能在规定时限内完成文档修正并提交符合要求的版本。最终，小周签发了《监理通知单》，明确要求承建单位在指定期限内提交真实、准确、完整的项目竣工文档，否则将影响最终验收结论。

问题 1：事件 1 中，针对设备到货验收与安装不符的情况，监理机构应该如何处理？

问题 2：事件 2 中，监理机构应对隐蔽工程实施和验收提出哪些要求？针对事件 2 中出现的问题，监理机构应如何处理？

问题 3：事件 3 中，针对试运行阶段系统的维护与更新，监理机构应提出哪些要求，以避免事件 3 的发生？

问题 4：事件 4 中，在开展验收文档质量管理工作时，监理机构应从哪些方面入手？审核过程中有哪些关键注意事项？

2. 案例解析

解析问题 1：

针对设备到货验收与安装型号不符的情况，现场监理工程师应立即要求承建单位暂停涉事设备的安装作业，签发《监理通知单》，明确指出存在的问题（设备不符），并要求承建单位限期（如 24 小时或 48 小时内）将错误设备撤离现场，更换为符合合同要求、通过正式到货验收且记录在案的正确设备。承建单位更换完毕后，监理机构应再次到场对设备进行复验。

解析问题 2：

监理机构应对隐蔽工程实施和验收提出以下要求：承建单位需提前向监理机构报备并在监理机构旁站监督下进行施工，留存完整的施工资料。如监理机构无法到场，承建单位应保留所有影像资料备查。隐蔽工程覆盖前，承建单位应向监理机构书面提出《隐蔽工程验收申请》，并附上相关的自检合格记录、必要的测试报告及施工记录。监理机构组织业主单位、承建单位共同进行隐蔽验收，验收通过后承建单位方可进行该部位的覆盖或进入下一道工序施工。对于未经监理机构批准擅自施工的，监理机构有权要求其重新施工，重新施工造成时间及人工材料成本由承建单位负责，因隐瞒施工造成的其他后果，业主单位及监理机构可追究承建单位的责任。

针对事件 2 中出现的严重质量问题，监理机构应立即要求承建单位停止相关区域后续施工，签发《监理通知单》，必要时可签发《停工令》，要求承建单位整改。

解析问题 3：

针对试运行阶段系统的维护与更新，监理机构应提出以下要求：

（1）环境严格隔离：必须建立并严格区分开发环境、测试环境与生产环境。任何代码修改、配置变更、补丁安装或版本升级，必须先在开发环境进行，然后在测试环境经过充分的测试，确认稳定且达到预期效果后，方可考虑在生产环境实施。严禁直接在生产环境进行未经充分测试的修改。

（2）制定版本更新方案、应急回退方案。明确更新时间、更新内容、影响的系统、操作步骤等，并配备切实可行的、经过验证的回退方案，确保在更新失败后，能在最短时间内（通常在分钟级）将系统恢复到更新前的稳定状态，最大限度减少业务中断时间。

（3）上线前应提前向业主单位报备确认，经批准后方可执行。

解析问题 4：

在开展验收文档质量管理工作时，监理机构应从文档内容的全面性和项目实施内容的准确性入手。内容全面性需体现项目的全貌，包括项目规划、项目报批、招标投标、合同签订、开工、实施、检查、测试、初验、试运行、终验等全过程文档；准确性包括项目建设内容、建设范围、时间节点、成果物、建设目标完成度等。

审核过程中的关键注意事项包括：项目时间节点、参与人员、各方签字、盖章等。

思考总结：在软硬件集成项目实施过程中，可能存在受到场地限制，全部或部分设备在库房仓库等其他场地进行到货验收的情况。在实际部署实施时，承建单位提供的货物及其配件是否齐全、与库房验收货物是否一致，监理工程师是否需要复检，是很容易忽视的问题。设备可追溯性管理是杜绝货证不符的基石，需强化到货验收与安装核验的闭环管控。隐蔽工程程序刚性不可突破，擅自覆盖等同于质量黑箱，必须采取强制手段维护验收权威。生产环境变更审批是系统稳定的生命线，擅自操作风险隐患大。文档是项目成果的直观体现之一，需保证其真实性和准确性。

3.2.3 案例三：基础设施项目

1. 案例背景

某单位迁建新址启动信息化基础设施建设项目，建设内容包括：网络综合布线、机房、安防监控等系统。该信息化基础设施项目是单位迁建新址后保障业务高效运转的核心工程，直接关系到员工日常办公、数据安全及整体运营效率。在工程建设过程中，发生了如下事件：

事件 1：承建单位为追赶工期，在完成线槽敷设、线缆布放后，未履行自检程序，直接邀请监理工程师小周对隐蔽工程进行验收。小周现场检查时发现存在较多问题，随即向同行的承建单位技术人员口头要求："这些线槽内线缆绑扎松散、未按规范留设检修余量，且部分线缆标识缺失，你们抓紧整改。"

事件 2：在机房铅酸蓄电池安装作业期间，小周现场巡查时发现，承建单位施工人员未按要求佩戴防护手套、护目镜等安全装具，且蓄电池组的安装工艺不符合《数据中心基础设施施工及验收标准》GB 50462—2024 中第 5.2.10 条"含有腐蚀性物质的铅酸类蓄电池，安装时必须采取佩戴防护装具以及安装排气装置等防护措施"，以及第 5.2.11 条"电池汇流排及端子裸露部位必须采取加装绝缘护板的防护措施"等强制性规定。针对这一情况，小周向承建单位发出《监理通知单》，责令其整改。

问题 1：事件 1 中，小周在隐蔽工程验收程序及整改指令的下达方式上是否妥当？若不妥，正确的做法应如何操作？

问题 2：事件 2 中，小周对机房施工安全隐患的处理是否全面合规？如存在不足，应如何规范处置以确保施工安全？

2. 案例解析

解析问题 1：

小周的做法存在两处不妥：

首先，隐蔽工程验收程序不符合规范要求。隐蔽工程验收前，承建单位需先进行自检，自检合格后向监理机构提交书面验收申请，监理机构组织三方共同现场检验。而在此次事件中，承建单位未履行自检程序，也未提交《隐蔽工程验收申请》，小周直接进入现场验收，违反了"先报审后验收"的基本流程，导致验收缺乏承建单位自检的前置依据，影响质量问题的责任界定。

其次，整改指令的形式不规范。对于验收中发现的线槽内线缆绑扎不规范、标识缺失等质量问题，小周仅以口头形式要求整改，未签发书面《监理联系单》或《监理通知单》，此行为不妥。书面指令是监理工作的重要依据，缺乏书面记录会导致整改要求不明确、责任追溯困难，可能引发整改不到位或遗漏隐患的风险。

正确的做法为：首先小周应拒绝承建单位的验收请求，要求其完成自检并提交《隐蔽工程自检报告》及《隐蔽工程验收申请》。收到报验申请后，监理机构组织三方联合验收。如符合设计要求，三方共同进行签认；如验收不合格，当场签发书面《监理通知单》，详细列明整改内容、整改期限及复验标准，并要求承建单位不得开展下一工序的施工，确保整改过程可追溯、责任可界定。

解析问题 2：

事件 2 中，小周的处理未能充分体现对施工安全隐患的重视，存在处置力度不足的问题：

首先，对安全风险的等级判断不够准确。铅酸蓄电池安装过程中未佩戴防护装具，可能导致施工人员接触电解液引发灼伤，属于直接威胁人身安全的重大隐患；电池汇流排及端子裸露部位未加装绝缘护板，容易引发电气短路等安全事故。此类行为已超出一般质量问题范畴，属于必须立即制止的严重违规行为。

其次，处置措施不当。当发现承建单位违反工程强制性标准时，总监理工程师应及时签发《停工令》，责令停工整改，并同步向业主单位报告。在此次事件中，监理机构仅发出《监理通知单》，未采取停工措施，也未及时上报业主单位，可能导致安全隐患持续存在，增加事故发生的风险。

正确的处置流程为：小周发现安全隐患后，应第一时间要求施工人员停止作业，撤离危险区域；立即将情况上报总监理工程师，由总监理工程师签发《停工令》，明确暂停蓄电池安装工序直至整改合格，并向业主单位提交《安全隐患紧急报告》，详细说明违规事实、潜在后果及拟采取的整改措施；承建单位需编制《整改方案》，内容包括防护装具的配备计划、绝缘护板的加装措施等；整改完成后，监理机构应联合业主单位、承建单位进行三方检查，确认防护措施到位、安装工艺符合要求后，方可签发《复工令》，允许继续施工。

思考总结：信息化基础设施类项目实施过程中往往面临诸多挑战，包括：建筑结构复杂，综合布线需与装修工程交叉施工，协调难度较大；机房建设涉及精密设备安装与调试，对施工精度要求极高；各系统间需实现数据互联互通，如安防监控画面需接入机房总控平台，网络系统需与原有业务系统兼容，对项目总体技术整合能力提出了更加严格要求。监理单位在开展隐蔽工程检查时，必须坚持“程序优先”原则，严格执行申请、实施、自检、报验、验收、签认的标准化流程，不得以任何理由简化或跳过必要环节，确保每一道隐蔽工序的质量都能得到有效控制，避免因程序疏漏导致后期质量问题难以追溯和整改。在施工安全管控方面，需树立“安全第一、零容忍”的管理理念，尤其对于违反强制性标准的行为，必须果断采取停工、报告、整改、复验的闭环管理措施，克服重质量轻安全的惯性思维，消除安全隐患。

3.2.4 案例四：运行维护项目

1. 案例背景

某市级机关为保障安防监控系统及网络设备稳定运行，实施为期 1 年的运行维护项目。业主单位在招标文件中明确要求：承建单位需组建专业驻场团队，配备 2 名驻场运维人员，须满足“计算机、通信、网络等相关专业、中级及以上职称（含中级）、3 年以上工作经验”的要求，运维内容包括：为安防监控核心平台（包括软件及硬件）、核心交换机、存储系统及所涉及汇聚交换机、企业级硬盘等设备提供原厂维保服务。项目启动阶段，业主单位与承建单位签署服务级别协议（SLA），约定核心设备故障响应时间不超过 30 分钟、系统级故障 24 小时内解决，明确涉及系统核心模块的升级操作需提前 72 小时提交书面方案，经业主单位、监理机构审核通过后方可实施，并对运维报告提交频率、知识库建设等内容提出要求。项目在运维服务期内发生了以下事件：

事件 1： 为压缩人力成本，承建单位项目经理赵经理选派人员如下：① 运维工程师小刘，计算机专业应届毕业生，无工作经验，未取得任何职称证书；② 运维工程师小郭，项目管理专业高级工程师，具备 10 年工作经验。

监理工程师小周在入场资质核验中发现：运维工程师小刘的工作经历仅包含学校实验室项目，无正式工作记录；运维工程师小郭的职称证书专业类别为“项目管理”，与运维岗位所需的技术背景不匹配。小周随即联系赵经理，要求承建单位更换合格的驻场运维服务人员。

事件 2： 运维服务期第 2 个月，安防监控管理平台的视频流解析模块突发故障，导致部分监控画面无法正常显示。赵经理安排公司资深运维工程师对安防监控管理平台进行了版本升级操作，经 4 小时处理后系统恢复正常。

问题 1： 事件 1 中，小周的要求是否合理？请说明理由。

问题 2： 事件 2 中，承建单位的做法是否妥当？若不妥，监理机构应如何处置？

2. 案例解析

解析问题 1：

小周提出更换驻场运维服务人员要求依据充分且合理。业主单位在招标文件中明确了对驻场运维人员的工作年限要求、专业要求和职称要求，招标文件作为项目合同的组成部分具有法律效力，承建单位选派的运维工程师小刘不满足“工作经验＋职称”双重条件，运维工程师小郭的专业背景与岗位需求不匹配，二者均不满足招标文件中对于驻场运维人员的要求。监理机构作为合同履行的监督主体，有权要求承建单位更换符合资质的人员，并提交更换后人员的职称证书、社保记录及工作经历证明，确保驻场团队能力与投标承诺一致。

解析问题 2：

承建单位的做法不妥。招标文件明确约定，承建单位需为安防监控核心平台提供原厂维保服务，承建单位擅自以自有技术团队替代原厂服务，不符合合同约定。服务级别协议（SLA）中约定涉及系统核心模块的升级操作需提前 72 小时提交书面方案，经业主单位、监理机构审核通过后方可实施，此次升级未按规定履行审批程序，不符合 SLA 要求。

监理机构应立即签发《监理通知单》，责令承建单位停止所有自主维护操作，24 小时内聘请原厂技术人员对平台进行全面检测，出具《故障原因分析报告》，评估承建单位的处理措施是否得当。同时，要求承建单位就违规升级行为向业主单位提交书面说明，同步提供原厂对升级合理性的《确认函》，若原厂判定存在风险，承建单位需承担全额返工费用。

思考总结：资质管理是服务质量的基础防线，人员资质直接决定运维能力，“人证岗一致”为入场审核的刚性标准，杜绝“证件挂靠、人员凑数”等违规行为，避免因人力成本压缩导致服务质量缩水。合同条款是服务执行的红线，监理机构需监督承建单位严格按约履约，避免因成本考量擅自改变服务模式，导致技术风险失控。过程追溯是服务提升的核心抓手，通过建立标准化的故障处理文档体系、动态更新的知识库以及数据驱动的绩效评估机制，将运维行为转化为可分析、可改进的管理资产，推动运维服务从“被动响应”向“主动预防”升级，切实保障信息化系统的稳定性与可靠性。

3.2.5 案例五：信息安全项目

1. 案例背景

某单位为响应国家网络安全要求，提升自身信息系统防护能力，启动信息安全升级项目。项目以《网络安全法》《数据安全法》及《信息安全技术 网络安全等级保护基本要求》GB/T 22239—2019 为指导框架，旨在通过专业化、标准化的安全建设，构建符合等保 2.0 标准的防护体系，有效应对日益复杂的网络攻击与数据安全风险。

项目建设内容分为两部分：

（1）信息安全软硬件设备采购，采购防病毒软件、防火墙、入侵检测系统等关键设备，以提升网络攻击防御、病毒查杀及异常流量监测能力。

（2）信息安全服务实施，开展全流程安全服务，包括信息安全咨询、风险评估、渗透测试、等级保护测评等。重点任务包括对3个业务系统进行漏洞扫描，实施全量源代码安全检测，并组织安全培训与应急演练，强化人员安全意识与应急响应能力。

项目严格遵循国家相关法规与标准，明确要求所有安全设备需通过国家权威认证，等级保护测评需经具备资质的第三方机构测评验证，确保项目建设的合规性与有效性。

项目执行过程中出现以下事件：

事件1： 项目于2024年1月启动后，承建单位项目经理赵经理协调安全设备厂商直接将安全设备运抵项目实施现场。到货次日，赵经理提交了《工程材料设备报审表》，附产品合格证、保修卡及技术说明书，并通知监理工程师小周对本批到货的安全设备进行到货验收。

事件2： 项目执行过程中，赵经理向监理机构申请专用安全设备到货验收。小周随即组织三方进行现场验收，验收过程中，业主单位项目负责人孙主任提出质疑："入侵检测设备只有第三方机构颁发的《网络安全专用产品安全检测证书》，没有公安部颁发的销售许可证，不符合要求。"

事件3： 考虑到本项目对信息安全要求极高，在开展项目验收工作时，业主单位拟组织对安全服务成果进行验收审查，并就服务内容咨询监理意见。

事件4： 等级保护测评完成后，第三方测评机构出具了等级保护测评报告。小周进行核验检查时发现测评报告中未加盖测评单位的资质章，小周随即与测评单位沟通，要求重新提交加盖等级测评专用章的等保测评报告。

问题1： 事件1中，该批设备是否可以进场？

问题2： 事件2中，入侵检测设备是否合规？

问题3： 事件3中，小周提供的监理意见应包括哪些重点内容？

问题4： 事件4中，小周提出的要求是否合理？请说明理由。

2. 案例解析

解析问题1：

该批设备不可以进场。承建单位的操作存在以下问题：

（1）资质不全：网络安全设备的质量证明材料除产品合格证、保修卡外，根据《网络安全法》，还需提供公安部销售许可证（有效期内）或第三方《网络安全专用产品安全检测证书》，承建单位未提供，无法证明设备符合国家标准。

（2）程序违规：到货验收工作应由业主单位、承建单位、监理机构三方共同到场进行验收，验收结果应由三方共同签字确认。

解析问题 2：

入侵检测设备合规。2023 年 7 月 1 日起，网络安全专用产品无需公安部销售许可证，可凭具备资格的第三方机构出具的检测证书销售。

相关政策：国家网信办发布《关于调整网络安全专用产品安全管理有关事项的公告》，宣布自 2023 年 7 月 1 日起停止颁发《计算机信息系统安全专用产品销售许可证》（以下简称“销售许可证”），此前已经获得销售许可证的产品在有效期内可继续销售。自 2023 年 7 月 1 日起，列入《网络关键设备和网络安全专用产品目录》的网络安全专用产品应当按照《信息安全技术 网络安全专用产品安全技术要求》等相关国家标准的强制性要求，由具备资格的机构安全认证合格或者安全检测符合要求后，颁发《网络安全专用产品安全检测证书》方可销售或者提供。

解析问题 3：

小周应从以下方面对安全服务成果进行审查，并提出监理意见：系统安全功能，如用户身份鉴别、访问服务、安全审计、数据存储和传输加密等；系统安全性能，如系统可用性、密码算法强度、备份恢复策略等。

解析问题 4：

小周提出的要求是合理的。合同中明确了要求，等级保护测评需经具备资质的第三方机构测评验证，且依据《网络安全等级保护测评机构管理办法》要求，出具等级测评报告时，测评机构应加盖等级测评专用章，未加盖专用章的报告，视为无效。

思考总结：政策敏感性决定合规底线，网络安全专用产品资质管理政策的调整直接影响设备进场合规性，监理机构需动态跟踪政策动态，确保项目建设与最新法规同步，避免因政策滞后导致“合法合规性”根基动摇。等级测评报告加盖专用章、设备资质证书有效性核验等细节，构建了项目合规性的“信任证据链”。监理机构需以材料为抓手，确保每一个环节的成果均可追溯、可验证，为项目验收与后续监管提供坚实依据。

3.3 项目审计中的质量问题

在项目审计阶段，针对项目质量往往关注以下问题，监理单位需在过程管控中提前考虑并应对：

问题1：各项建设内容是否完全按照合同要求完成，软硬件参数指标是否达到预定目标，是否存在偷工减料情况？

应对措施：监理应当从前期文件开始梳理，了解招标投标文件及合同中详细技术参数，包括软件功能、性能、硬件设备参数等，在实施过程中严格按照合同执行并保留好质量证明材料和检查检验记录，若必须变更则需严格执行变更审批，并保存好相关资料备查；针对合同中可能未明确的施工辅材也需严格检查是否为合格产品，杜绝以次充好。

问题2：监理机构是否按照合同要求完成了到货验收、检查、测试等约定内容，是否存在弄虚作假？

应对措施：监理机构需严格按合同及相关规范开展监理工作，按要求编制监理周月报及旁站记录、会议纪要等过程材料，并做好签字确认；针对到货验收、隐蔽工程验收、测试等关键工作拍照留证；不具备拍照条件时，需做好原始纸质文件记录并及时要求三方签字确认。做好文档过程管理，实时整理收发文记录，验收后及时完成项目移交。

3.4 质量管理相关依据文件

3.4.1 信息监理国标相关规定

1.《信息技术服务 监理 第1部分：总则》GB/T 19668.1—2014

第8.3.2条：质量控制

监理机构应组织对承建单位提供的产品及服务进行验收，对验收结果做验收记录，并经三方签认；对不符合合同或相关标准规定的产品及服务应拒绝签认。没有被签认的产品及服务不得在工程实施中应用。产品及服务验收应包括如下内容：

（1）产品及服务应与承建合同要求和产品文档的说明一致。

（2）产品及服务的有效性和真实性。

（3）必要时，监理机构可依据承建合同、技术标准或事先约定的方法检测产品及服务的质量，对于数量较大的同类型产品及服务，监理机构可采取抽样方法。

（4）必要时，监理机构应要求承建单位提交第三方测试机构出具的测试报告，并核验产品认证证书、检测报告的真实性、有效性；第三方测试机构应经业主单位和监理机构同意。

监理机构若发现工程实施过程存在重大质量隐患，应及时向承建单位签发停工令，并报业主单位，监督承建单位进行整改。整改完毕后，及时处理承建单位的复工申请。

监理机构应执行已确定的阶段性质量监督、控制措施及方法，并做监理日志；出现工程质量问题时，经确认后监理机构可通过监理工作联系单的方式与承建单位沟通，要求对问题整改，如承建单位整改仍不合格，监理机构应签发监理通知单，报业主单位、承建单位，责令承建单位整改，并跟踪落实。

2.《信息技术服务 监理 第2部分：基础设施工程监理规范》GB/T 19668.2—2017

1）第6.5.2.2.6条：隐蔽工程

监理机构按照如下程序对隐蔽工程施工进行监理：

（1）承建单位在隐蔽工程开工前必须进行报验。

（2）处理承建单位提交的隐蔽工程报验申请和隐蔽工程检查记录，并在隐蔽工程施工过程中按照监理实施细则确定的程序，进行现场监理。

（3）现场检查隐蔽工程，并对符合设计要求的隐蔽工程进行签认。

（4）未经验收或验收不合格的隐蔽工程，监理机构应拒绝签认，并要求承建单位不得进行下一道工序的实施。

2）第6.3.3.1条：质量控制

隐蔽工程检查要点：监理机构应在隐蔽部位隐蔽前进行检查验收，对需要进行中间验收的单项工程和部位及时进行检查，不应影响后续工程施工，承建单位应为检验和验收提供便利条件。

3.《信息技术服务 监理 第3部分：运行维护监理规范》GB/T 19668.3—2017

第9.1.3条：响应支持监理

基础设施类运行维护服务，响应支持监理要点如下：

（1）监理机构应检查供方的响应支持服务与运行维护 SLA 的符合性。

（2）监理机构应依据运行维护 SLA、维护手册或维护规程监督、检查供方响应支持服务，包括处理的及时性、处理过程的严谨性及准确性、文档提交的准确性等。

（3）监理机构宜要求供方建立故障诊断知识库，应包括常见故障的原因与现象、故障排除步骤、故障诊断方法、故障诊断与修复原则等。

监理机构应对供方响应支持服务中存在的问题及时提出纠正和改进建议。

4.《信息技术服务 监理 第 4 部分：信息安全监理规范》GB/T 19668.4—2017

1）第 6.3.3.3 条：安全设备验收

监理机构应从如下方面对主要安全设备进行到货和部署验收，并提出监理意见：

（1）设备及其配件、模块的类型和数量与到货清单的一致性。

（2）安全设备具有安全部颁发的销售许可证且在有效期内。

（3）安全设备及型号与销售许可证一致，产品销售所需的证书齐全。

（4）符合安全设计方案所规定的功能、性能。

（5）如适用，由第三方安全测试机构出具的测试报告。

（6）设备部署后运转正常，功能、性能达到合同要求和设计指标。

2）第 6.3.3.4 条：工程实施中的安全管理

监理机构应从如下方面对工程实施中的安全管理进行监督：

（1）督促承建单位指定或授权专门的部门和人员负责工程实施过程的安全管理。

（2）督促承建单位严格按照审批通过的实施方案进行施工，确保实施过程与实施方案的一致。

（3）如适用，督促承建单位按其能力成熟度级别执行安全工程过程。

（4）对工程实施方面的管理制度（实施过程的控制方法、人员行为准则等）进行审查。

（5）对承建单位施工人员的身份与资格进行审查。

（6）督促承建单位在施工中严格遵守业主单位的相关安全管理规定。

3）第 6.4.2 条：监理内容

验收阶段的主要监理内容如下：

（1）依据承建合同、安全设计方案、工程实施方案和实施记录、国家或地方相关标准和技术指导文件，督促承建单位进行系统测试和试运行，对信息系统工程进行安全符合性检查，以验证是否实现了工程安全设计目标和系统安全等级基本要求。

（2）协助业主单位建立验收工作机构，组织最终的项目验收会议。

（3）协助验收工作机构审核承建单位提供的工程验收方案，并提出监理意见。

（4）协助业主单位对承建单位提供的项目验收申请资料进行评审，并提出监理意见。

（5）协助业主单位收集工程设计和实施中的各种关键文档。

（6）建议业主单位委托第三方机构进行安全测评和风险评估。

（7）督促承建单位及时整改发现的问题。

4）第 6.4.3 条：监理要点

（1）第 6.4.3.1 条：测试。

监理机构应从如下方面开展测试中的监理工作：

① 监理机构应督促承建单位按照网络、主机、应用、数据等不同层面的安全功能和性能，采用不同的技术检测方法，设计详细的测试技术方案和控制流程，并对测试技术方案和控制流程进行审查。

② 监理机构应督促承建单位对工程实施中安装的设备或产品进行单元测试，以评估是否符合业主单位或工程的安全要求。

③ 监理机构应督促承建单位在系统建设完成之后，在业主单位验收之前，进行总体安全性测试。

④ 监理机构应督促承建单位对安全测试的内容做详细的工作文档记录，包括安全工程测试方法、测试过程、测试指标结果等。

⑤ 如适用，监理机构应督促承建单位及时整改测试中发现的安全问题。

⑥ 监理机构应从以下方面对测试结果进行审查，并提出监理意见：系统安全功能，如用户身份鉴别、访问控制、安全审计、数据存储和传输加密等；系统安全性能，如系统可用性、密码算法强度、备份恢复策略等。

（2）第 6.4.3.2 条：工程验收方案。

监理机构应从如下方面对承建单位提交的工程验收方案提出监理意见：

① 与安全需求、设计方案和实施方案的一致性。

② 从技术、管理和工程方面保障信息安全，实现安全目标与安全需求。

③ 安全设计要求和指标，实现方法及其检测、验证手段。

④ 工程交付物清单（安全体系架构图、安全配置策略、工程设计和实施文档等）齐全、完整，且与实际相符。

⑤ 如适用，验收步骤和验收程序可考虑信息安全测评和风险评估环节。

（3）第 6.4.3.3 条：工程验收管理。

监理机构应从如下方面开展工程验收管理中的监理工作：

① 监理机构应督促承建单位在系统验收前先进行系统的测试和试运行，并进行详细的文档记录，对发现的问题进行及时整改。

② 监理机构应建议业主单位和承建单位根据体系结构设计文件、详细设计文件及相关部门颁发的有关文件、相关信息技术和信息安全标准，以及设计规范、建设规范和验收规范进行项目验收。

③ 如适用，对介入工程第三方工作（如风险评估、等级测评、软件评测等）过程进行监理。

5）第 6.3.3.3 条：安全设备验收

监理机构应从如下方面对主要安全设备进行到货和部署验收，并提出监理意见：

（1）设备及其配件、模块的类型和数量与到货清单的一致性。

（2）安全设备具有公安部颁发的销售许可证且在有效期内。

（3）安全设备及型号与销售许可证一致，产品销售所需的证书齐全。

（4）符合安全设计方案所规定的功能、性能。

（5）如适用，由第三方安全测试机构出具的测试报告。

（6）设备部署后运转正常，功能、性能达到合同要求和设计指标。

6）第 6.4.1 条：监理目标

监理机构通过监理工作，应实现如下目标：

（1）督促承建单位明确工程验收方案（验收目标、责任双方、验收提交清单、验收标准、验收方式、验收环境等）的符合性及可行性。

（2）督促承建单位开展系统测试，逐一检测验证安全设计要求的实现。

（3）确保工程的最终安全性能和功能符合承建合同、法律法规、政策和标准的要求。

（4）确保承建单位所提供的工程各阶段形成的技术、管理和工程文档的内容和种类符合相关标准。

5.《信息技术服务 监理 第5部分：软件工程监理规范》GB/T 19668.5—2018

1）第6.2.2.2条：需求分析的监理

监理机构应审查承建单位提交的需求分析计划，监督承建单位开展需求分析活动，组织对系统需求进行评审。

2）第6.2.2.3条：概要（结构）设计的监理

监理机构应督促承建单位开展概要（结构）设计活动，审查承建单位的概要（结构）设计文档。

3）第6.3.1条：监理要求

实施阶段的监理工作需满足如下要求：

督促承建单位开展编码、测试活动，验证软件符合系统需求和系统设计的要求；促使软件编码及测试符合相关技术标准的要求，提高软件产品的质量；促使工程实施过程满足承建合同的要求，并与工程计划相符；及时对变更进行响应。

4）第6.4.1条：监理要求

验收阶段的监理工作需满足如下要求：

（1）监督培训过程，促使培训达到承建合同要求。

（2）协助业主单位进行初验、试运行和终验的工作，促使软件工程项目最终的功能和性能等指标符合承建合同、法律、法规和标准的要求。

（3）协助业主单位、承建单位进行软件工程项目的移交工作，促使软件工程项目顺利完成。

3.4.2 信息系统监理师教程（第2版）相关知识点

1）第10.5节：质量控制点

质量控制点的设置原则：

（1）选择的质量控制点应该突出重点。质量控制点应放置在工程项目建设活动中的关键时刻和关键部位，有利于控制影响工程质量目标的关键因素。例如，对于一个应用软件开发项目，需求获取阶段关系整个应用系统的成败，而这一部分工作往往做得不够细致，因此监理机构可以把需求获取作为一个质量控制点，制定详细的需求获取方案。

（2）选择的质量控制点应该易于纠偏。质量控制点应设置在工程质量目标偏差易于测定的关键活动或关键时刻处，有利于监理工程师及时发现质量偏差，同时有利于承建单位控制管理人员及时制定纠偏措施。例如，对于综合布线来说，可以把隐蔽工程的实施过程作为一个控制点，如果发现问题，可以及时纠正。这一部分如果出现质量问题，事后解决的成本就会非常大。

（3）质量控制点设置要有利于参与工程建设的三方共同从事工程质量的控制活动。对业主单位来说，由于主要是从宏观角度来从事工程质量控制，在工程建设的各个阶段和相对重要的建设成果都应设置控制点；对承建单位来说，由于从事信息系统工程过程中的微观控制，其控制点可以按工程进度、工程部位、重要活动及重要建设资源供应等来设置；根据监理目标确定监理要检查的质量控制点，三方可以根据项目的具体情况，商定各个阶段的质量控制重点，并制定各自的质量控制措施。

（4）保持质量控制点设置的灵活性和动态性。对于一些大型信息系统工程建设项目，由于建设规模庞大，建设周期较长，影响因素繁多，工程项目建设目标干扰严重，质量控制点设置并不是一成不变的，必须根据工程进展的实际情况，对已设立的质量控制点随时进行必要的调整或增减，使质量控制点设置具有相应的灵活性和动态性，以达到对工程质量总目标的全过程、全方位的控制。

2）第 10.4.3 条：旁站

旁站记录必须做到：

（1）记录内容要真实、准确、及时。

（2）对旁站的关键部位或关键工序，应按照时间或工序形成完整的记录。

（3）记录表内容填写要完整，未经旁站人员和实施单位质检人员签字不得进入下道工序。

（4）记录表内实施过程情况指所旁站的关键部位和关键工序实施情况，例如，人员上岗情况、材料使用情况、实施技术和操作情况、执行实施方案和强制性标准情况等。

（5）完成的工程量应写清准确的数值，以便为投资控制提供依据。

（6）监理情况主要记录旁站人员、时间、旁站监理内容、实施质量检查情况、评述意见等，将发现的问题做好记录，并提出处理意见。

（7）质量管理体系运行情况主要记述旁站过程中承建单位质量管理体系的管理人员是否到位，是否按事先的要求对关键部位或关键工序进行检查，是否对不符合操作要求的实施人员进行督促，是否对出现的问题进行纠正。

（8）若工程因意外情况发生停工，应写清停工原因及承建单位所做的处理。

3）第 21.4.2 条：隐蔽工程的检查

具体包括：应在隐蔽部位隐蔽前进行检查验收；对需要进行中间验收的单项工程和部位及时进行检查，不应影响后续施工；承建单位应为检验和验收提供便利条件。

监理机构应按照如下程序对隐蔽工程施工进行监理：

（1）承建单位在隐蔽工程开工前必须进行报验。

（2）审核承建单位提交的隐蔽工程报验申请和隐蔽工程自检记录。

（3）在隐蔽工程施工过程中，按照监理实施细则确定的程序，依据设计要求和相关标准、规范的要求，现场检查隐蔽工程，对验收合格的隐蔽工程进行签认。

（4）如检查发现不合格，发监理通知单要求承建单位整改，整改完毕后应重新进行验收；对特殊设计或者与原设计变更较大的隐蔽工程，应通知设计单位到场共同检查签认。

（5）未经验收或验收不合格的隐蔽工程，监理机构应拒绝签认，并要求承建单位不得进行下一道工序的实施。对未经检查签认的隐蔽工程，承建单位不得擅自隐蔽。

当监理机构对已验收的隐蔽工程的质量有怀疑时，可以要求承建单位对已验收的隐蔽工程进行重新检查。承建单位应按照要求进行配合，并在检查后进行恢复。

3.4.3 其他

等级保护测评由具备资质的第三方机构协助业主单位进行等级保护备案，测试项目整体安全性是否符合等级保护要求，保证其上线稳定安全运行。测评内容包括技术层面和管理层面。测评成果主要包括等级保护测评报告和安全建设整改方案。

（1）应按照“谁主管谁负责、谁运营谁负责、谁使用谁负责”的要求，落实信息安全责任主体。

（2）应按照“自主定级、自主保护”的原则，参照《信息安全技术 网络安全等级保护实施指南》GB/T 25058—2019 开展等级保护的定级、备案、建设、测评、整改等工作。相关标准依据包括：

《信息安全技术 网络安全等级保护定级指南》GB/T 22240—2020；

《信息安全技术 网络安全等级保护基本要求》GB/T 22239—2019；

《信息安全技术 网络安全等级保护安全设计技术要求》GB/T 25070—2019；

《信息安全技术 网络安全等级保护测评过程指南》GB/T 28449—2018；

《信息安全技术 网络安全等级保护测评要求》GB/T 28448—2019。

第4章 信息系统工程监理案例——进度控制

4.1 浅谈信息系统工程中的进度控制

进度控制是信息系统项目管理中贯穿全周期的核心抓手，其重要性体现在保障项目按计划落地，实现项目进度目标。并且，随着近年来绩效管理机制的深化，项目进度与预算执行情况直接反映到项目年度绩效评估中，与业主单位绩效形成了联动关系。项目绩效评估体系已将进度指标纳入刚性约束，例如：阶段节点是否按期完成、总工期是否存在偏差、项目是否按期完成进度款项支付等，进而影响到业主单位或部门预算总体执行比例，进度控制的效果间接反映到业主单位绩效考核结果中。这种挂钩机制对监理单位的进度控制工作提出了更高的要求：从项目启动阶段就需要强化进度管控意识，通过科学的计划编制、动态的过程调整和风险预警，从项目全局的进度管理角度，将项目绩效与进度控制进行有机结合，最终实现项目效益最大化。

1. 进度控制的重要性

质量、进度、投资为信息系统工程建设项目的三大目标，进度控制是保障信息系统工程建设项目如期完成的重要措施。有效的进度控制能够确保项目按照预定的时间节点推进，避免工期延误。

2. 进度控制基本思路

进度控制的基本思路是比较项目实际进度和计划之间的差异，并根据差距采取必要的纠偏活动，进行调整，使项目向有利的方向发展，其目的是确保项目“进度目标”的实现。

3. 各阶段监理机构开展进度控制的要点

1）启动阶段：确定明确的进度目标

为了有效地控制信息系统工程实施的进度，项目必须确立明确的进度计划，该阶段业主单位、承建单位、监理机构及各参与方需要对进度计划达成共识。为顺利推进工程进度，计划目标必须是明确的时间节点，不能出现“尽早完成”“争取早日竣工”等含糊、不明确的目标。

监理机构需要审核承建单位提交的进度计划，确认工序是否正确，安排是否合理，是否有遗漏的重点环节，对可能影响计划执行的风险因素进行识别及评估，并要求承建单位提出相应的风险应对措施，以保证计划能够顺利实施。监理机构应组织业主单位、承建单位对进度计划进行签认，建立明确的进度基线。

进度计划审核要点如下：

合同符合性：合同具有法律效力，其写明的工程完工日期是控制工程进度的最终目标和依据，一旦工程建设中出现预想不到的进度问题，合同将是最为有力的法律依据。故需审核进度计划是否符合合同中开、竣工日期的规定。

关键节点满足度：除整体工期外，业主单位一般还会对某些关键里程碑的完成时间做出明确要求，监理机构需要确认该部分进度计划是否符合业主单位相关要求。

项目完整性：检查进度计划是否有遗漏，确保所有合同约定的内容都被纳入计划之中。

施工顺序与安排的合理性：审核进度计划中各项工作任务顺序的安排是否合理。例如，机房建设项目需分析各分部分项工程之间的施工顺序、施工时间以及搭接关系是否合理，软件开发项目需分析各模块之间的开发顺序以及调试顺序是否合理，确保工程能够顺利进行，避免不必要的延误和冲突。

项目划分粒度：审核进度计划中各项任务的划分是否足够细致，不同于土建项目，信息系统工程不够直观，一般软件类项目以功能模块进行划分。各类任务的划分需提供明确的成果物，以便监理机构开展进度核查和确认工作，更好地进行进度管理和控制。

进度与质量的平衡：质量是项目成功的关键指标之一，在项目执行过程中，必须确保产品或服务达到既定的质量标准。如果为了赶进度而牺牲质量，最终可能会导致项目失败或业主单位不满意。因此，在制定进度计划时，既要确保计划中的任务能够按时完成，又要保证项目质量。

2）实施阶段

需要跟踪检查进度计划执行情况，将实际进度与计划进度进行对比，要求承建单位采取措施纠正进度偏差，确保项目按预定的进度目标进行，避免工期的拖延。

进度比对：监理机构需要跟踪记录项目的实际进度，比如设备到货情况、关键里程碑完成情况等，将实际进度与计划进度进行对比，找到实际进度与计划进度的差距。如果实际进度落后于计划进度，监理机构应该采取措施，签发监理通知单或者监理联系单，向承建单位和业主单位提出进度警示，要求承建单位采取相关赶工措施。如果无法补救，确定项目关键节点出现了延期，监理机构需要督促承建单位提交延期申请，修正原计划。

进度沟通：项目实施阶段，业主单位、承建单位和监理机构会在监理例会上沟通项目进度情况，建议承建单位采用甘特图等方式对计划进度和实际进度进行对比展示，使得参会各方能够直观地获知项目进度情况。同时，还可以对进度情况进行颜色区分，对进度正常的工作任务标“绿”，存在进度滞后风险的工作任务标“黄”，以便更直观地聚焦有问题的工作任务。

风险监控：除进度比对外，监理机构还应该监控风险的状态，及时识别新的风险，要求承建单位更新风险列表及风险应对措施，确保项目按预定的进度目标进行，避免工期的拖延。

3）试运行和验收阶段

本阶段的进度控制同样重要，它直接关系到项目能否顺利交付使用。

试运行阶段监理机构开展进度控制的主要工作包括：

（1）审核承建单位提交的试运行计划，试运行需根据项目特点和技术要求，明确试运行的目标、内容、时间节点和责任人，还需要充分考虑设备的调试周期、人员培训时间以及试运行期间可能出现的风险因素，制定试运行应急预案。

（2）协助业主单位进行试运行准备，确保试运行所需的设备、材料、人员等按时到位。

（3）督促承建单位依照计划对参与试运行的人员进行必要的培训，确保其熟悉系统操作流程和应急预案。

（4）监督承建单位做好试运行问题记录，督促承建单位及时处理试运行过程中出现的问题，确保系统、设备稳定运行。

验收阶段监理机构开展进度控制的主要工作包括：

（1）根据项目合同和验收规范，审核承建单位提交的验收计划，明确验收的内容、标准、方法和时间节点，验收计划应充分考虑验收工作的复杂性和不确定性，合理安排验收时间和资源。

（2）按照验收计划逐步开展验收工作，对项目的质量、进度、投资等方面进行全面检查。重点关注关键节点和里程碑任务的完成情况，确保项目整体符合设计要求和质量标准。

在信息系统工程监理中，进度控制贯穿于信息系统工程建设的始终，项目进度目标的实现需要业主单位、承建单位和监理机构共同努力，监理机构应认真、准确地做好各阶段进度控制工作，采用科学的方法和工具进行管理和控制，以确保项目按时、按质、按量完成。

4.2 进度控制案例及解析

4.2.1 案例一：系统集成及软件开发项目

1. 案例背景

某政务服务信息化项目以构建“一网通办”核心业务系统为目标，经公开招标确定 A 单位为该项目的承建单位，合同金额 800 万元，工期 6 个月（招标文件明确为星号条款，即实质性响应条款）。

项目建设内容涵盖软件开发与硬件集成，涉及 12 个业务处室的流程数字化改造。B 单位受业主单位委托，作为该项目监理单位对项目进行全过程监理。工程执行过程中发生了以下事件：

事件 1： 项目启动会上，承建单位项目经理赵经理提出：“项目启动后，我方将依据投标文件的进度计划作为进度基线开展项目工作，核心节点为：设备采购（30 天）、软件开发（90 天）、系统集成（45 天）、系统测试（15 天）。”

监理机构总监理工程师陈总监听后随即表示：“赵经理，你目前提出的进度计划中里程碑节点不全。按照项目生命周期，须包括启动、实施、初验、试运行、终验五大里程碑，你应该以此为基础编制进度计划；同时，你提出的关键节点仅包括设备采购、软件开发、系统集成、系统测试，须细化补充需求分析、系统设计、培训等环节。”

赵经理认为陈总监提出的要求不合理：“投标计划已通过评标委员会评审，且满足合同工期要求，细化节点会增加管理成本。”

二人为此争论起来。

事件 2： 承建单位在交换机采购到货后，向监理机构申请到货验收。

监理工程师小周在现场开箱验收环节，发现交换机包装无原厂封条，序列号与供货清单不一致，遂判定设备不合格，要求承建单位重新采购。应监理机构要求，承建单位重新采购了一批新设备，导致设备部署集成工作完成较原计划延误了 30 天。为此，承建单位向监理机构提交了总工期延期 30 天的申请。

事件 3： 项目执行期间，业主单位的上级主管部门颁发了新的政策文件，导致业务需求发生变化。经承建单位评估，该需求变更会导致软件开发量增加，被影响软件模块的工期预计需要增加 20 天，赵经理针对此事件向监理机构提出了延期申请，申请延期时间为 20 天。

问题 1：事件 1 中，陈总监的要求是否合理？如果合理，请提出细化进度计划的具体要求。

问题 2：事件 2 中，承建单位提出的延期理由是否合理？请说明理由。

问题 3：事件 3 中，赵经理提出的延期理由及申请的延期时间是否合理？请说明理由。

2. 案例解析

解析问题 1：

业主单位在招标文件中明确提出工期 6 个月的要求，并将工期设为招标文件中的星号条款，说明在这个项目里，进度是监理工作需要重点关注的控制点。投标中的进度计划仅包括设备采购、系统集成、软件开发、系统测试四个大里程碑节点，不利于在项目实施过程中开展进度控制工作，所以陈总监提出细化进度计划的要求是合理的。

细化进度计划，需要添加关键任务或设置检查点，关键任务的完成应该有明确的成果物，以确保监理机构能够核查该项任务的完成情况。在本项目中，应增加需求分析、软件设计等关键进度控制节点（图 4-1），需求分析完成的成果物是经业主单位评审通过的需求规格说明书，软件设计完成的成果物是经专家评审通过的软件设计说明书。监理机构通过检查成果物的完成情况，就能判断该项任务是否完成，对比进度计划，即可获知项目当前进度是正常还是延误，有利于监理机构开展进度控制工作。

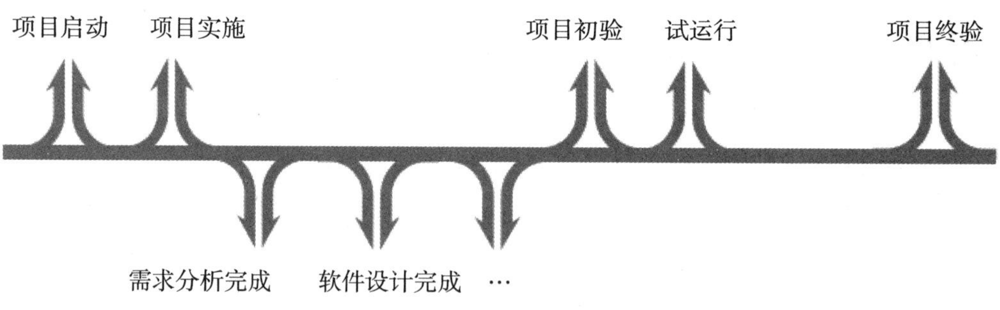

图 4-1　关键进度控制节点

解析问题 2：

承建单位提出的延期理由不合理。本次设备部署工作延误，是因为承建单位提供了不合格的设备。因为承建单位自身原因导致的工程延期，应采取措施追赶进度。

解析问题 3：

本次延期事件发生是因为业主单位的上级主管部门颁发了新的政策文件，导致需求变更带来软件开发量增加。外部政策带来的需求调整，承建单位有权要求延长工期。

但赵经理提出的延期时间需进行核定。一方面，确定延期时间，第一步需要判定该延期事件是否会对项目总工期带来影响，如果确实会影响总工期；第二步需要结合经批准的项目进度计划，计算该事件影响总工期的天数，最后确定该事件的延期时间。另一方面，由于项目延期，也可能造成投入增多，导致增加成本等影响。

以表 4-1 为例，在软件开发计划中，有并行开发的 A、B 两个模块，模块 B 开发时间比模块 A 开发时间长 30 天，模块 B 开发完成，才能开展软件测试工作。如果发生延期事件，导致模块 A 开发延期 20 天，经评估该事件对总工期并无影响，则不批准延期申请；如果延期事件导致模块 B 开发延期 20 天，经评估该事件对总工期影响为 20 天，那么可批准延期申请，同意延期时间为 20 天。

项目阶段 **表 4-1**

项目阶段	功能模块	4月	5月	6月	7月
软件开发	模块A				
	模块B				
软件测试					

思考总结：进度计划编制需“顶天立地”，既要符合建设合同对关键节点的“顶天”要求，又要细化至可操作、可核验的“立地”颗粒度，避免“粗放管理”导致的监管盲区；延期责任界定需“锚定契约”，不可抗力适用需严格遵循“不能预见、不能避免、不能克服”三要素，杜绝承建单位因自身原因要求延期或以“外部因素”为由转嫁自身责任。

4.2.2 案例二：数据中心项目

1. 案例背景

某单位为提升业务管理效率，启动大数据云平台建设项目，计划将本单位已投入使用的 OA 系统及下属各单位的管理系统（如人员管理、车辆管理、业务专项审批等 10 余个子系统）移植至新平台，实现硬件资源集中管理与业务流程统一协同。

该项目总投资 8000 万元，建设周期 18 个月，建设内容涵盖机房及基础环境建设、网络及服务器硬件平台搭建、云平台系统开发及态势感知、运行维护管理软件开发及系统集成等多项任务。由于项目规模大、建设周期长，涉及多家承建单位及设备供应商，业主单位为方便管理，确定 A 公司为总包单位，并通过合同约定，允许 A 公司将其部分非主体工程依法分包给具备相应资质的专业公司，但要求 A 公司对项目整体进度、质量和安全负总责，承担连带责任。

事件 1： 项目总包合同签订后，监理机构按照规定要求承建单位 A 公司提交详细的项目实施进度计划，作为项目开工材料的重要依据。但 A 公司项目经理赵经理表示，由于目前还有两家分包单位尚未最终确定，无法细化各环节工作内容，因此仅提供了包含关键节点的框架性计划，未提交包含分包工作安排的详细进度计划。

监理机构总监理工程师陈总监据此签发了《监理通知单》，并向赵经理声明，如果承建单位无法提供详细进度计划，那么就不能开工开展后续实施工作。

事件 2： 项目实施过程中，承建单位 A 公司因合作的设备供应商较多，且部分设备体积大、运输难度高，叠加疫情特殊时期的物流管控，导致服务器、核心交换机等关键硬件设备到货时间比原计划明显滞后。

A 公司赵经理与陈总监沟通："受到疫情影响，现在物流都停了，设备供应商无法按期供货，严重影响了我们后续硬件安装、系统部署等工作进度。"随后以"疫情导致的不可抗力"为由向监理机构提出项目延期申请。

事件 3： 总包单位 A 公司将机房防静电地板工程分包给具备建筑装饰资质的 B 公司。实施过程中，监理工程师小周检查发现 B 公司施工的接地工程存在严重质量问题，接地体与防静电地板的连接电阻值远超规定的标准，无法满足防静电要求。

小周要求 B 公司立即整改，B 公司向监理机构直接提出延期申请，表示整改预计需要 20 天。A 公司赵经理了解情况后，随即在项目例会上说道："这是分包单位的问题，这对我们后续的设备上架安装也造成了影响，整体工期需要顺延 20 天。"因此向业主单位和监理机构提出整体项目工期顺延申请。

问题 1： 事件 1 中，陈总监出具监理通知单的举措是否合理？赵经理以分包未到位为由拖延编制详细计划是否符合规定？

问题 2： 事件 2 中，赵经理提出的项目延期申请是否合理？监理机构应如何处置？

问题 3：事件 3 中，分包单位 B 公司和总包单位 A 公司的延期申请是否成立？监理机构是否应同意延期申请？

2. 案例解析

解析问题 1：

陈总监出具监理通知单的举措是合理的，A 公司以分包未到位为由拖延编制详细计划的理由不成立。

首先，项目在招标阶段就已经明确了项目的整体工期及所有的项目内容，A 公司作为项目的总包单位，在投标时已清楚项目所有工作内容并对工作内容的时间可行性及资金可行性等有了明确的估算；对于项目中的关键里程碑节点及工作中各个工种间的前后关系有清晰的理解。

其次，合同签署后，通过对业主单位及建设环境的充分调研，A 公司应有充分的时间制定出详细的施工计划。

最后，分包单位的确定属于总包单位的内部管理范畴，A 公司应在合同签订后及时启动分包招标工作，并根据总体工期要求，对分包单位的工作内容、进场时间、实施进度、工序衔接等提出明确要求，确保分包工作不影响总包单位的整体项目进度，而非将分包未到位作为拖延计划编制的借口。

陈总监签发监理通知单要求赵经理限期提交详细进度计划，符合项目管理规范和合同约定，若其拒不提交，监理机构有权依据规定不予批准开工。

解析问题 2：

赵经理提出的延期申请需结合疫情发生时间和合同约定分情形判断：

若疫情在项目招标阶段已处于常态化防控状态，则属于 A 公司在投标时应当预见的商业风险，其以“不可抗力”为由申请延期不成立。A 公司应在投标时充分考虑疫情对供应链的潜在影响。此情况下，监理机构应驳回赵经理提出的延期申请，要求其与设备供应商协商解决交付问题，通过优化施工计划、增加人力 / 物力投入等方式追赶进度。

若疫情管控为合同签订后突然爆发的大规模管控，则需根据实际影响评估是否构成不可抗力。合同双方应严格依照合同中对于不可抗力的相关条款，对不可抗力的情况进行确认，例如：是否有疫情管控通知、货物厂商因管控而停工停产无法供货的正式说明文件、物流受阻的正式说明文件等作为依据。即便如此，监理机构也应要求赵经理优先采取措施减少损失，如与供应商协商调整交付顺序、采用备选供应商或临时租赁设备等，尽可能通过赶工弥补进度缺口。由于受不可抗力致使影响合同履行的，履行合同的期限应予以延长，监理机构可以同意赵经理提交的延期申请。

解析问题 3：

B 公司和 A 公司的延期申请均不成立，监理机构应拒绝批准延期，并追究相关责任。

分包单位 B 公司与业主单位无直接合同关系，其提出的延期申请缺乏依据，监理机构应不予受理。B 公司作为分包方，需通过总包单位 A 公司向业主单位和监理机构反映问题，其实施质量问题属于 A 公司的管理责任范畴。

A 公司作为总包单位，需对分包工程的质量和进度负总责。根据《民法典》第七百九十一条规定，总承包人对分包工程的质量与分包人承担连带责任。接地工程不合格系 A 公司对 B 公司的技术交底不到位、实施过程监管缺失所致，A 公司应承担全部管理责任，而非将责任归咎于分包单位。监理机构应要求 A 公司立即组织 B 公司制定整改方案，在限定时间内完成接地系统整改，并承担因整改产生的额外费用。同时，A 公司需通过调整后续实施计划、加快其他环节进度等方式弥补延误，确保项目整体工期不受影响。若最终因该问题导致项目延期，监理机构应建议业主单位依据合同约定，对 A 公司进行延期交付处罚，A 公司可依据与 B 公司的分包合同向其追偿。

思考总结：强化总包统筹责任，总包需树立“整体管理”意识，将分包纳入统一管控体系，明确总包对分包问题的连带责任，倒逼其加强管理监督。监理机构应严格审核进度计划、分包资质及管理方案，确保总包对项目全局负责。精准区分风险责任，结合合同与实际，判断外部因素是否构成不可抗力，避免滥用免责条款。动态优化进度控制，监理机构应引导承建单位建立灵活调整机制，以资源调配、工序优化化解设备延期等突发风险，减少对延期申请的依赖。通过挣值管理、关键路径分析等工具，动态监控进度并科学决策，保障项目高效推进。

4.2.3 案例三：基础设施项目

1. 案例背景

某政府机关启动综合数据中心机房建设项目，旨在构建安全可靠的信息化基础设施，项目总投资 525 万元，建设周期 6 个月。建设内容涵盖机房配电及照明系统、UPS 不间断电源系统、精密空调系统、消防报警及灭火设施、防雷及接地系统、机房动力环境集中监控系统、机房内综合布线系统共七大核心系统。

业主单位依据《建设工程施工合同（示范文本）》GF—2017—0201、《建设工程监理合同（示范文本）》GF—2012—0202 分别与承建单位、监理单位签订合同，明确各方责任边界与工作流程。项目专业性强、安全要求高，需满足《数据中心设计规范》GB 50174—2017 等国家标准，且需履行政府投资项目的审批、监理、验收等法定程序。

在项目建设过程中，发生了如下事件：

事件 1： 项目开工前，承建单位项目经理赵经理按要求编制施工总体进度计划和阶段性施工进度计划，经内部审核后报项目监理机构审查。监理工程师小周审查的内容有：

（1）明确业主单位是否有工程阶段成果分批投入使用的要求，检查施工进度计划中主要工程项目有无遗漏，是否满足分批动用的需要。

（2）施工进度计划是否匹配业主单位提供的资金、施工图纸、施工场地、物资等条件。

事件 2： 施工准备阶段，监理机构总监理工程师陈总监在收到全套工程设计文件后立即组织编制《监理规划》，并在第一次工地会议当天提交给了业主单位。业主单位项目负责人孙主任指出："监理规划提交时间滞后，影响了前期工作部署。"

事件 3： 赵经理提交的《施工组织设计》经小周审查通过后，正式启动施工。

在综合布线环节，施工人员按设计图纸将电源线与网线集中铺设于地下线槽，但未注意到线槽空间狭窄、通风不足的问题。随着设备运行，电源线长期高负荷工作产生大量热量，无法有效散热，最终引发电气火灾，造成安全事故，工程建设被迫暂停 15 天，需重新铺设线路并修复受损设施，延误了工程进度。赵经理随即向小周提出质疑："施工组织设计是经过你们审核通过的，为什么会出现如此严重的安全事故？你要对此负责，赔偿我公司的损失。"

问题 1： 事件 1 中，小周对施工进度计划的审查内容是否完整？若不完整，需补充哪些要点？

问题 2： 事件 2 中，陈总监编制监理规划的时间节点是否符合规范？依据是什么？

问题 3： 事件 3 中，赵经理的索赔要求是否合理？

2. 案例解析

解析问题 1：

小周对施工进度计划的审查内容不全面，还应审查的内容包括：

（1）工期符合性：核查计划总工期是否与施工合同约定的 6 个月一致，各阶段里程碑节点（如 UPS 安装完成时间、消防验收时间）是否满足工期要求。

（2）工艺工序合理性：分析施工顺序是否符合专业逻辑（如“先接地施工后设备安装”“先强电铺设后弱电布线”），避免因工序颠倒导致返工。

（3）资源匹配性：评估施工人员资质（如电工需持特种作业证）、材料供应计划（如线缆到货时间）、机械配备等是否与进度计划同步，防止出现“人等料、机闲置”现象。

解析问题 2：

陈总监做法违规。依据《建设工程监理合同（示范文本）》GF—2012—0202 第 2.1.2 条规定，监理规划应在第一次工地会议 7 天前提交业主单位，以便业主单位提前了解监理工作框架。若监理规划在会议当天提交，业主单位便无法在会前组织相关部门研读，可能导致施工准备阶段的协调机制滞后，如材料检验流程、隐蔽工程验收标准等未能及时明确。

解析问题 3：

赵经理提出的索赔要求不成立。

首先，根据《建设工程施工合同（示范文本）》GF—2017—0201 第 4.3 条，监理机构对施工组织设计的批准，仅表示“形式合规性认可”，不免除承建单位对施工质量的主体责任。

其次，电源线与网线间距不足、线槽通风设计缺陷，属于承建单位技术能力不足导致的“隐含缺陷”，其应在施工前通过图纸会审、现场勘察发现问题，而非依赖监理审查规避风险。

最后，监理工程师若在审查中未发现明显违反强制性标准的问题，可能承担“过失责任”；但本案中缺陷属于专业技术细节，监理工程师已履行常规审查程序，不构成重大过失。

承建单位需自行承担修复费用及工期延误损失，监理机构无赔偿责任。

思考总结：进度计划审查需全面，除核查计划完整性和资源匹配性外，还应审查是否符合合同工期、施工顺序是否合理、资源供应是否满足需求等，从而确保计划可行。施工缺陷导致的进度延误承建单位应责任自负，承建单位需对施工组织设计的技术合理性负责，监理机构审查不免除其责任。监理程序需及时，监理规划应在第一次工地会议 7 天前提交，确保进度管控部署到位，避免因程序滞后影响项目推进。

4.2.4 案例四：运行维护项目

1. 案例背景

某政府部门电子政务综合办公信息系统是政务工作的核心平台，涵盖公文流转、行政审批、档案管理等关键业务模块。为保障系统稳定运行，业主单位按年度采购运维服务，运维服务期为 2024 年 1 月 1 日至 2024 年 12 月 31 日，合同约定承建单位需提供 7×24 小时不间断服务，服务内容包括系统功能优化、安全漏洞修复、硬件设备巡检与升级等，同时需严格遵循网络安全相关国家标准与政务行业规范。业主单位委托监理单位对运维全过程进行监理。

项目在运维服务期内发生了以下事件：

事件 1：根据运维合同要求，承建单位需在 2024 年 3 月底前完成智能签批功能的优化，以适配新发布的电子签章法规。然而，项目推进过程中出现以下问题：

（1）需求调研不充分：承建单位前期未与业主单位业务部门深入沟通，对新法规中“电子签章的法律效力范围”“多部门联合签批流程”等细节理解存在偏差，导致功能设计方案反复调整，延误了开发进度。

（2）人力资源调配不足：核心开发人员因个人原因请假两周，临时接替人员缺乏政务系统开发经验，对现有代码架构不熟悉，代码交接和业务培训耗时较长，导致开发效率显著下降。

（3）进度监控机制缺失：承建单位未建立每日任务追踪机制，直至 3 月中旬才发现功能开发进度仅达 60%，此时距离合同约定的完成时限已不足两周，进度滞后问题较为严重。

事件 2：2024 年 9 月 28 日（星期六）晚 8 时，承建单位的安全监测系统自动发出警报，提示公文系统存在一个疑似数据泄露风险的高危漏洞，并且该漏洞涉及用户登录验证模块，攻击者可能借此获取用户账号密码等敏感信息。但承建单位在周末仅安排一名值班人员小刘，且由于小刘疏忽未实时查看监测报告。直至次日（周日）下午 6 时，小刘才发现系统预警信息，此时距离漏洞首次监测到已超过 22 小时。小刘发现漏洞后，仅通过企业微信向运维实施部门留言通知，未采用短信、电话等更直接的告警方式。

由于运维实施部门人员未及时查看企业微信消息，直至 9 月 30 日早 10 时才收到漏洞修补指令，从漏洞通报到初步响应时间远超合同约定。

问题 1：事件 1 中，针对承建单位进度滞后的情况，监理机构出具《监理通知单》是否合理？若合理，监理通知单中应包括哪些具体整改内容？

问题 2： 事件 2 中，承建单位在应急响应过程中暴露了哪些问题？监理机构可要求其采取哪些改进措施？

2. 案例解析

解析问题 1：

根据进展评估，承建单位预计无法按合同要求时限完成功能优化工作，存在进度滞后问题，监理机构签发《监理通知单》的举措是正确的。

《监理通知单》中应包含以下整改内容：

（1）进度计划调整，采取赶工措施：要求承建单位在 3 个工作日内提交修订后的进度计划，明确剩余工作的时间节点，提交至监理机构及业主单位进行审核、确认。同时，制定赶工方案，如增加开发人员数量、延长每日工作时间或安排周末加班，尽快推进项目进展。

（2）需求深化与确认：责成承建单位选派经验丰富的需求分析人员，与业务部门重新进行需求对接，明确电子签章的具体应用场景、签批权限规则等细节，形成经双方确认的《需求规格说明书》，避免因需求不清晰导致后续开发反复。

（3）人力资源补充与协作优化：要求承建单位调配具备电子政务系统开发经验的人员加入项目，并建立“老带新”工作机制，确保新加入人员快速熟悉业务。

（4）每日进度汇报与监控：建立每日进度追踪机制，承建单位需每日向监理机构和业主单位提交《进度日报》，说明当天工作完成情况、存在问题及次日计划，强化实时监控。

解析问题 2：

事件 2 暴露的主要问题包括：承建单位值班人员未及时查看监测报告，应急响应过程中内部信息传递不及时、沟通渠道单一，应急响应流程执行不到位等问题。

监理机构可要求的改进措施如下：

（1）完善值班与告警机制：要求承建单位建立 24 小时专人值守的安全监控中心，实时监控安全监测系统，并配置短信、电话、弹窗等多渠道告警系统，确保高危漏洞信息 5 分钟内通知相关人员。

（2）优化应急响应流程：督促制定《应急响应手册》，明确漏洞分级标准与处置流程，细化各部门（安全、运维、开发等）在应急响应中的职责，建立跨部门协作机制，规定安全监测部门发现高危漏洞后 30 分钟内通知相关负责人并抄报监理机构与业主单位。

（3）加强应急演练与培训：要求承建单位每季度组织实战演练，模拟不同漏洞处置场景，检验响应速度与协作效率。演练结束后，对流程中存在的问题进行总结分析，修订完善应急响应机制，并对相关人员进行培训，提升整体应急处置能力。

（4）强化服务级别协议（SLA）管理：与业主单位、承建单位共同梳理和更新 SLA，明确漏洞的响应时间，并增加对内部沟通效率的考核指标（如信息传递超时率），将其纳入承建单位的运维服务绩效考核体系，通过考核压力推动承建单位提升响应速度。

思考总结：需求精准是前提，避免因需求模糊导致进度反复。资源弹性是保障，关键岗位设 AB 角，核心人员变动需提前报备交接。动态监控是核心，以实时跟踪替代粗放管理。应急响应时效是进度管理的延伸，需通过持续优化 SLA 时限与流程，提升整体响应效率。

4.3 项目审计中的进度问题

在项目审计阶段，针对项目进度及时间方面往往关注以下问题，监理单位需在过程管控中提前考虑并应对：

问题 1：在集成合同与监理合同尚未签订的情况下，是否存在提前开展项目相关工作的情形？例如承建合同签订之前提交开工申请、编制进度计划及进场实施，监理合同签订之前签发开工令、签认进度计划。

应对措施：

承建单位、监理机构均需要在合同签订后，才能正式入场开展工作，包括项目实施工作、提交项目档案材料的日期应在合同签订后。

合同签订之前，承建单位内部可单方面开展项目相关需求研究、论证，团队搭建等工作。

若招标投标及公示流程已完成，遇到合同签订流程较长但需提前开展工作的，监理单位可建议业主单位和承建单位出具书面材料，明确提前进场开展工作的需求和原因。

问题 2：项目是否按合同约定完成初步验收或竣工验收等关键节点？

应对措施：

未能按照合同约定时间完成验收工作的时候，项目必须存在经过三方签字盖章确认的延期材料及更新后的进度计划。监理应确保延期材料的合理性和完整性。

当临近关键里程碑节点（如初步验收、竣工验收）时，监理机构应提前提醒承建单位和业主单位，确认能否按合同约定时间完成项目全部建设内容。如因客观原因无法按期完成，监理机构应要求承建单位提交延期申请，调整进度计划，三方协商后共同对延期材料签字盖章，并签署新一版进度计划。根据项目实际情况，监理机构也可以签发监理联系单或监理通知单，催促承建单位尽快追赶项目进度或提交延期材料。

4.4 进度管理相关依据文件

4.4.1 信息监理国标相关知识点

《信息技术服务 监理 第1部分：总则》GB/T 19668.1—2014

（1）第7.1.6条：监理机构应促使工程计划、初步设计方案满足工程需求，符合相关的法律法规和标准，并与合同相符，具有可验证性。

（2）第8.3.3条：进度控制。监理机构应及时处理工程延期申请，宜按下述程序处理工程延期：

① 监理机构应根据工程情况确认其合理性，并与业主单位、承建单位协商确认后，由总监理工程师对工程延期申请予以确认。

② 工程延期影响工程总体进度计划时，监理机构应要求承建单位修改工程总体进度计划，经三方签认后，做好工程备忘录。

4.4.2 信息系统监理师教程（第2版）相关规定

1. 第11.1.2条：进度控制的基本流程

进度计划编制的关键制约因素包括：

（1）以合同工期为依据安排开工、竣工时间。

（2）设计图纸、定额等。

（3）设备和主要材料的供应及到货情况。

（4）承建单位可能投入的实施力量及资源情况。

（5）项目现有资源可利用情况。

（6）影响实施的经济条件和技术条件。

（7）项目的外部环境等。

2. 第 11.4.1 条：监理进度控制程序

项目延期处理：当承建单位认为必须延期项目时，向监理单位提交项目延期申请，监理单位综合考虑进度、质量、延期的原因、延期造成的后果、延期时间等，做出延期处理。

监理单位在承建单位申请项目延期时的处理程序如下：

（1）监理单位应根据项目情况确认其合理性，并与业主单位、承建单位协商确认后，由总监理工程师对项目延期申请予以签认。

（2）项目延期影响总体进度计划时，监理单位应要求承建单位修改总体进度计划，经三方签认后，编写项目进度备忘录。

（3）监理单位应组织审查进度纠偏措施的合理性及可行性，如果发现问题，出具监理意见并跟踪整改。

（4）当发生由于延期造成的索赔时，总监理工程师应综合考虑项目延期和费用索赔的关系，做出费用索赔和项目延期的建议。

3. 第 17.4.2 条：进度变更控制

1）项目延期

监理单位应按以下要点及时处理项目延期：

（1）根据项目情况确认其合理性，并与业主单位、承建单位协商后，由总监理工程师对工程延期申请予以确认。

（2）项目延期影响项目总体进度计划时，应要求承建单位修改项目总体进度计划，经三方签认后，做工程备忘录。

2）对项目延期的监理要点及评估原则

（1）受理。监理单位应对承建合同规定的由下列原因造成的项目延期事件给予受理：

① 非承建单位的责任使项目不能按原定工期开工。

② 经批准的工程量变化和设计变更。

③ 国家和地区有关部门正式发布的不可抗力事件。

（2）处理。对项目延期事件的处理过程如下：

① 项目延期事件发生后，承建单位应在合同约定期限内提交工程延期意向报告；承建单位应按合同约定提交有关项目延期的详细资料和证明材料。

② 项目延期事件发生后，总监理工程师应对该事件进行分析、研究，对减少损失提出建议；项目延期事件终止后，承建单位应在合同约定的期限内，提交工程

延期申请。

③ 在处理项目延期的过程中，监理工程师还应书面通知承建单位采取必要的措施，降低对项目的影响程度。

④ 最终评估出的延期天数，在与业主单位协商一致后，由总监理工程师签发工程延期审批表。

（3）监理评估原则。对项目延期事件的监理评估原则具体如下：

① 确认项目延期事件属实。

② 工程延期申请依据的合同条款准确。

项目延期事件必须发生在被批准的进度计划的关键路径上。

4.4.3 其他

《建设工程监理合同（示范文本）》GF—2012—0202：收到工程设计文件后编制监理规划，并在第一次工地会议 7 天前报委托人。根据有关规定和监理工作需要，编制监理实施细则。

第5章 信息系统工程监理案例——投资控制

5.1　浅谈信息系统工程中的投资控制

信息系统工程建设需要大量资金投入，因项目特点更难实现精准管控，投资控制面临着多重挑战。一方面，项目规模受技术架构复杂度、用户需求边界模糊等因素影响，前期估算易出现偏差；另一方面，信息技术迭代速度快，硬件设备贬值、软件版本升级等都会导致成本波动；加之项目需求与业务场景深度绑定，业务流程调整往往引发功能变更，进一步增加了投资控制的不确定性。信息系统工程中的投资控制是确保项目在批准的预算内保质按期完成的关键管理活动，投资控制工作的成效能够直接影响到项目验收、结算及竣工决算。信息系统工程监理单位须在项目实施过程中做好投资控制工作，通过有效的投资控制手段，应对信息系统工程投资进行全过程、全方位、多目标的动态控制，把项目实际投资控制在投资主管部门批准的投资范围内。

1. 监理机构开展投资控制的重要性

（1）降低项目风险：项目投资是项目验收和审计的重点关注内容，而投资控制是风险管理的重要组成部分，监理单位的投资控制应贯穿项目全过程，尤其是在合同签订阶段应给予业主单位相关建议，充分考虑在年度资金支付计划及阶段款项计划执行的月份，对每个支付节点设置相对合理的阶段成果物审查验收。规避项目支付进度与预算执行不匹配、阶段款提前支付或支付条款设置不合理等潜在风险。在项目实施过程中，对上述风险进行监控，也可以考虑采用签订合同补充协议等方式进行纠正。

（2）为项目决策提供依据：投资控制是信息系统工程全生命周期管理的关键环节，通过对项目成本、进度匹配度及质量达标情况的多维分析，能够沉淀出一系列关键数据资产。这些数据经过系统化梳理与深度研判后，可形成关于项目规模与成本的动态关联模型以及同类型同级别项目未来资金投入趋势的预测，为业主单位和项目决策方提供量化参考，从而在后续项目中最大限度降低决策风险，保障项目投资的科学性与效益最大化。

（3）监督项目资金使用的合规性：投资控制是保障政府投资项目经济效益的关键措施，监理机构通过有效监管，可以确保资金按照计划和规定用途使用，在满足合同支付条件的前提下，进行支付条件审查与支付审批，出具监理意见。在较大规模或较多分包的项目实施过程中，监理机构应协助业主单位准确地掌握各个合同包年度预算及各阶段款项支付情况，及时发现和纠正项目资金使用相关问题，确保资金使用的合规性和效益性。

2. 监理机构开展投资控制的基本思路

（1）整体协调：在确定项目投资目标时，监理机构应协助业主单位统筹考虑项目投资的协调和统一，详细了解项目投资规模及分项投资情况，了解业主单位年度支付计划，协调好项目进度与支付的匹配关系，确保投资目标满足业主单位需求的同时，兼顾进度和质量目标。

（2）全周期控制：监理机构开展的投资控制工作，应贯穿于项目的整个生命周期，包括计划阶段、实施阶段和验收阶段，确保项目投资始终处于有效控制之下。

（3）综合性工作：投资控制是一项综合型工作，它不仅是监理对合同资金支付的审批，还与合同条款、项目阶段划分、阶段验收标准、进度计划制定乃至工程变更等各个方面有所关联。监理工程师在审查项目总体进度计划、详细进度计划以及涉及投资变更的各项工作内容时，应与投资控制结合考虑，降低投资风险，实现项目投资目标。

3. 监理机构开展投资控制的要点

在项目招标阶段，监理机构投资控制的要点是协助业主单位确定项目开发或采购内容，以及相应的预算控制价。

在项目设计阶段，监理机构投资控制要点包括：结合项目功能需求与投资目标，重点审查设计是否存在功能冗余或技术超标；关注设备选型、材料规格与市场价格的匹配度，确保概预算既能反映设计意图，又符合当前市场成本水平，为投资总额控制提供基准；建立设计变更的前置管控机制，通过参与设计交底、组织专题评审等方式，提前发现设计疏漏，减少后期被动变更，从源头稳定投资预期。

在项目实施阶段，监理机构投资控制的要点是协助业主单位制定项目投资目标规划，力争满足业主单位对项目投资的要求。监理机构应严格按照法律法规及合同规定，审核相关支付申请并签发支付意见等。针对实施过程中变更，监理机构需严格执行变更审批流程，对变更的必要性、合理性及费用增减进行全面审核。会同业主单位、承建单位对变更方案进行技术经济分析，明确变更对项目投资的影响范围和程度，确保变更费用控制在合理区间内，避免因变更随意性导致投资超概。同时，及时收集变更相关资料，做好变更费用的签证与存档，为后续结算审计提供可靠依据。

在项目验收阶段，监理机构投资控制的要点是对项目总投资进行详细的核对，确保各项费用的合理性和可控性；严格审查项目竣工验收资料、项目结算资料，以核实项目的实际支出与合同的符合程度；协助业主单位编制项目竣工决算报告，确保项目的财务决算准确无误。

监理机构开展合理的投资控制对于信息系统工程的成功实施具有重要的作用。监理机构通过实施全过程监控、合理采用投资控制方法、强化合同管理、建立投资风险应对措施、严格变更控制审查等，可以有效地控制项目投资，确保项目在预算范围内成功实施。

5.2 投资控制案例及解析

5.2.1 案例一：系统集成及软件开发项目

1. 案例背景

某业主单位于 2023 年申报了某系统升级改造项目，旨在提升业务系统性能与硬件集成水平。项目包含核心业务子系统、辅助管理子系统、应用支撑子系统、移动端子系统 4 个子系统开发，以及 3 类配套设备采购集成。项目审批通过后，市财政局根据业主单位 2024 年年度支付计划下达了项目投资 80% 的资金。

业主单位于 2024 年 3 月 11 日启动集成项目招标工作，3 月 29 日确定中标单位，4 月 15 日与承建单位签订了建设合同，合同额 1050 万元，具体清单见表 5-1。

具体清单　　表 5-1

序号	建设内容	数量	总金额（万元）
1	核心业务子系统	1	500.00
2	辅助管理子系统	1	120.00
3	应用支撑子系统	1	230.00
4	移动端子系统	1	170.00
5	网络设备 1	5	7.50
6	网络设备 2	10	20.00
7	安全设备	1	2.50
合计			1050.00

建设合同中的付款条款见表 5-2。

建设合同中的付款条款 **表 5-2**

付款批次	付款条件	付款金额（万元）
1	合同签订后支付合同首付款，为合同总额的50%	525.00
2	项目通过初步验收后，支付合同第二笔款，为合同总额的30%	315.00
3	项目通过竣工验收后，支付合同尾款，为合同总额的20%	210.00

业主单位于 4 月 10 日启动项目监理招标工作，4 月 26 日确定中标单位，5 月 22 日与监理单位签订了监理合同，监理合同额 30 万元。

项目执行过程中发生了以下事件：

事件 1： 监理单位中标后，业主单位项目负责人孙主任与监理机构总监理工程师陈总监联系："陈总监，项目时间太紧张了，贵单位能不能中标后先进场开展工作？"陈总监考虑到业主的实际需求便答应了该请求，并安排监理工程师小周提前介入。

5 月 8 日，孙主任致电陈总监，表示其计划下周一支付承建单位首付款，要求监理机构在此之前完成付款申请的审核。

5 月 10 日，承建单位项目经理赵经理向监理机构提交付款申请，陈总监签发了《工程款支付意见表》。

事件 2： 项目建设过程中，业务处室用户向赵经理提出功能调整需求。经承建单位深入需求调研，赵经理发现核心业务子系统、辅助管理子系统需删除 12 个二级模块，新增 8 个二级模块。

同时，赵经理收到设备厂商通知："网络设备的配件停产了，无法按期供货，现在有另一个型号的设备可以替代，且满足原设备的所有参数指标，但价格得重新核算。"

针对以上情况，赵经理向监理机构提交变更申请，并提出上述变更将导致项目投资增加 10 万元。小周审核时追问道："这 10 万元是怎么算的？你得逐项对变更内容涉及的详细费用进行说明，提供计算依据。"

事件 3： 根据市财政局要求，2024 年下达的资金应于 2024 年完成支付。11 月中旬某次例会上，孙主任表示年底前需要完成第二笔款支付，否则项目资金将被收回。但此时项目实际进度与制定的项目进度计划相比有所滞后，赵经理面露难色：“目前项目整体进度约为 70%，年底前肯定达不到初验条件。”

事件 4： 项目终验前，赵经理按照原合同建设内容编写工程结算书，监理机构审核后组织三方确认。

问题 1： 事件 1 中，监理机构的做法是否合理？请说明原因。

问题 2： 事件 2 中，小周的做法是否合理？如合理，请提出具体要求，并对可能涉及投资的注意事项进行说明。

问题 3： 事件 3 中，在孙主任希望尽快支付第二笔款的情况下，如果你是陈总监，你会给孙主任提什么建议？

问题 4： 事件 4 中，该工程结算书内容是否合理？请说明原因。

2. 案例解析

解析问题 1：

监理机构的做法不合理。

合同是开展工作的法律依据，监理机构应在监理合同签订后正式履职。5 月 10 日，监理合同尚未签订，不应提前出具工程款支付意见表；待签订监理合同后，再由承建单位出具付款申请，也与实际付款时间不符。针对该类情况，建议处理方式为：在监理合同签订后，由承建单位提交首付款支付说明，说明首笔款的支付情况，监理机构对首付款支付过程进行核对，确认首笔款支付正当、合理，满足合同约定，出具工程款支付确认表。

解析问题 2：

小周的做法是合理的，项目变更应重点关注、审核项目投资的变化情况，本事件中需从软件与设备两方面细化审核。

针对软件开发部分，由于合同中的价格清单仅为 4 个子系统的报价，无一、二级模块的详细报价，无法判断涉及的变更金额。承建单位需对核心业务子系统、辅助管理子系统的报价进行细化，提供其全部一、二级模块详细的人月报价 [指完成一个项目所需的总工作量（以“人月”为单位）乘以单人单月的成本费率]，明确删除模块的扣减金额；对于需要新增的内容，明确新增模块的新增金额。监理机构对变更金额的合理性进行审核，必要时可组织专家评审会进行评审。

针对设备变更部分，当设备由于停产或产品升级原因出现变更时，监理机构应要求承建单位提供原厂盖章证明材料。由于拟更换的设备不在建设合同范围内，监理机构应要求承建单位提供三方询价材料，对变更价格提供支撑。

需要注意的是，若因变更引起合同工作内容清单或合同额发生变化时，监理机构应提醒业主单位与承建单位签订补充协议，重新确定工作内容，商定剩余待支款项的支付时间和支付金额；依据《中华人民共和国政府采购法》规定“所有补充合同的采购金额不得超过原合同采购金额的百分之十”。

解析问题 3：

如果我是陈总监，我会建议孙主任优先遵循合同约定，按照合同约定的付款条件，严格执行投资控制，待项目通过初步验收后支付第二笔款。如孙主任坚持必须支付，可建议孙主任与承建单位协商设定阶段性成果验收节点，签订补充协议，明确节点成果与支付比例。

解析问题 4：

该工程结算书内容不合理。该项目存在变更，应依据实际执行情况进行结算。工程结算是指承建单位与业主单位之间根据双方签订合同（含补充协议）进行的工程合同价款结算。工程结算书中的各项建设内容及价格应该是终点节点的最终状态，充分体现建设内容的调整及金额的调整，结算内容与项目交付的成果保持一致。

思考总结：强化合同刚性执行，工程款支付应依约进行，杜绝违规支付；严控变更管理，细化审核变更涉及的内容，确保投资调整符合合同约定及相关规定；结算时应依据实际建设内容，全周期追溯变更，保证量价一致、凭证完整，保障资金使用效益。

5.2.2 案例二：系统集成及软件开发项目

1. 案例背景

某局启动信息化建设项目，旨在构建高性能算力平台，项目建设周期为 12 个月。建设内容主要涵盖以下三项：

（1）硬件采购：包括高性能服务器、网络设备、存储设备等硬件设施，以及安全软件等配套系统。

（2）系统集成：完成硬件设备的部署、调试及网络架构搭建。

（3）应用开发：基于算力平台开发业务应用系统，实现数据处理与业务协同功能。

根据业主单位与承建单位签订的建设合同，该项目工程款分为三笔进行支付：

（1）首笔款：合同签订且承建单位提交合同总金额 20% 的履约保函（期限为合同签订后 24 个月）后，支付合同总金额 30% 的合同款。

（2）初验款：项目通过初验后，支付合同总金额 50% 的合同款。

（3）终验款：项目通过终验且完成项目竣工决算后，根据实际批复款项支付剩余合同款。履约保函期限结束后，业主单位将履约保函返还承建单位。

事件 1： 根据业主单位与承建单位签订的建设合同，承建单位准备开具合同总金额 20% 的履约保函（期限为合同签订后 24 个月），业主单位准备支付合同总金额 30% 的合同款。

事件 2： 项目通过终验并完成竣工决算后，业主单位计划支付剩余合同款。此时，业主单位运维管理部门提出："为确保系统后续稳定运行，我们想在剩余款项中预留一部分作为工程质量保证金。"

问题 1： 事件 1 中，建设合同约定的 20% 履约保函额度是否合理？

问题 2： 事件 2 中，业主单位在剩余合同款中预留质量保证金的做法是否正确？

2. 案例解析

解析问题 1：

建设合同约定的 20% 履约保函额度不合理。

根据《财政部对十四届全国人大一次会议第 0343 号建议的答复》（财库函〔2023〕4 号），业主单位合理收取履约保证金是保障采购活动严肃性和中标供应商严格履约的重要手段；供应商可自主选择以支票、汇票、本票或者金融机构出具的保函等非现金形式缴纳或提交保证金。但合同总金额 20% 的履约保函额度不合理，根据《中华人民共和国招标投标法实施条例》第五十八条规定，合同履约保证金不得超过中标合同金额的 10%。

本案例中，履约保函额度设定为合同金额的 20%，超出了法规规定的 10% 上限，属于不合理约定。业主单位应与承建单位通过合同补充协议的方式重新确定保函额度，确保符合法律法规要求。

解析问题 2：

业主单位在剩余合同款中预留质量保证金的做法是不正确的。

根据《建设工程质量保证金管理办法》第六条规定，在工程项目竣工前，已经缴纳履约保证金的，发包人不得同时预留工程质量保证金。第七条进一步规定，发包人应按照合同约定方式预留保证金，保证金总预留比例不得高于工程价款结算总额的 3%。

在本案例中，承建单位已按合同约定提交了履约保证金，根据上述规定，业主单位不应再同时预留质量保证金；即使合同未约定履约保证金，若业主单位需预留质量保证金，也需遵循“预留比例不超过工程价款结算总额 3%”的规定。由于本项目建设合同中未规定工程质量保证金相关事项，且承建单位已提交履约保函，业主单位不应在剩余合同款中擅自预留质量保证金。

思考总结：保证金管理需注重合规性，履约保证金不超合同金额 10%，质量保证金预留不超结算总额 3%，且缴履约保证金后不得同时预留质量保证金。合同应明确保证金金额、形式、返还时间等，避免模糊约定，确保投资管控高效、合法，维护双方权益。

5.2.3 案例三：基础设施工程

1. 案例背景

随着数字经济的迅猛发展，算力已成为国家竞争力的重要组成部分。国家级算力中心项目是为了满足国家对于高性能计算资源的需求，特别是在人工智能、大数据处理、科学研究等领域的关键技术支持。2024 年 6 月某国有资金投资的国家级算力中心项目采用工程量清单方式进行施工招标，建设内容涵盖机房基础设施、算力设备部署、网络系统搭建及配套软件集成等，总投资规模达 5.8 亿元，建设周期为 12 个月。在项目实施过程中发生如下事件：

事件 1：项目实施过程中，监理机构总监理工程师陈总监发现设计图纸明确标注了视频监控系统的安装位置及技术参数，但招标工程量清单中未包含该系统的任何子目。

承建单位项目经理赵经理向业主单位项目负责人孙主任和陈总监提出：“工程量清单里没列视频监控系统，但图纸要求必须安装，这部分得另外算钱。”陈总监核查后确认，工作量清单确实存在漏项，且该系统属于机房安全管理的必要组成部分。

事件 2：受国际形势影响，全球芯片价格大幅上涨，项目采购的交换机、服务器等核心设备采购成本较投标时有了大幅增加。赵经理根据合同约定完成了相应设备采购后，向孙主任提交书面报告：“国际芯片供应链波动属于不可抗力，我们采购设备多花了 800 万元，结算时得调整合同价。”

事件 3：算力中心装饰装修工程中，招标清单对彩钢板饰面的项目特征描述为“基层处理、面板安装”，未提及“保温隔热”要求，但设计图纸明确要求在彩钢板内侧铺设保温棉，且现场施工已按图纸完成保温处理并通过监理验收。

工程结算时，赵经理提出："工作量清单中未描述保温内容，这部分属于漏项，得增补价款。"而孙主任则认为，保温是施工工艺的一部分，不应额外计费。

问题 1： 事件 1 中，赵经理额外付费的诉求是否合理？

问题 2： 事件 2 中，赵经理调整合同价格的诉求是否合理？

问题 3： 事件 3 中，赵经理增补价款的诉求是否合理？

2. 案例解析

解析问题 1：

赵经理额外付费的诉求是合理的。

《建设工程工程量清单计价规范》GB 50500—2013 第 4.1.2 条规定："工程量清单必须作为招标文件的组成部分，其准确性和完整性由招标人负责。"因此，对于工程量清单中的漏项，业主单位应负责补充并调整合同价款。陈总监应组织业主单位、设计单位和承建单位召开专题会，确认视频监控系统的工作内容及技术要求；由业主单位委托造价咨询机构补充工程量清单子目，明确项目特征和工程量；承建单位根据补充清单报价，经三方确认后调整合同价款。

解析问题 2：

赵经理调整合同价格的诉求不合理。

《建设工程工程量清单计价规范》GB 50500—2013 第 9.7.5 条规定："承包人在采购材料和工程设备前，应向发包人提交一份能阐明采购材料和工程设备数量和新单价的书面报告。发包人应在收到承包人书面报告后的 3 个工作日内核实，并确认用于合同工程后，对承包人采购材料和工程设备的数量和新单价予以确定；发包人对此未确定也未提出修改意见的，视为承包人提交的书面报告已被发包人认可，作为调整合同价款的依据。承包人未经发包人确定即自行采购材料和工程设备，再向发包人提出调整合同价款的，如发包人不同意，则合同价款不予调整。"

承建单位未按规定提前提交设备价格变动报告，擅自采购后提出调价，不符合规定程序，业主单位可以不予调整。其次，国际形势导致的价格波动通常不属于"不可抗力"（需满足"不能预见、不能避免、不能克服"），属于商业风险范畴。

解析问题 3：

赵经理增补价款的诉求是合理的。

《建设工程工程量计价规范》GB 50500—2013 第 4.1.2 条规定："招标工程量清单必须作为招标文件的组成部分，其准确性和完整性应由招标人负责"；第

9.4.1 条规定:“发包人在招标工程量清单中对项目特征的描述，应被认为是准确和全面的，并且与实际施工要求相符合。根据上述规定，清单项目特征描述不全，发包方应负全责”；第 9.4.2 条规定:“合同履行期间，出现实际施工设计图纸（含设计变更）与招标工程量清单任一项目的特征描述不符，且该变化引起该项目的工程造价增减变化的，应按照实际施工的项目特征重新确定相应工程量清单项目的综合单价，计算调整的合同价款”。

本案例中，招标控制价特征描述未包含“保温隔热”内容的情况属于实际施工设计图纸（含设计变更）与招标工程量清单的特征描述不符，因此承建单位以清单漏项为由提出增补工程价款是合理的。监理机构应核查设计图纸与施工验收记录，确认保温处理为图纸强制要求；要求业主单位委托造价机构测算保温工程的合理价款（如按面积计算保温棉铺设费用）；承建单位需提供保温材料的采购发票、施工记录等凭证，经审核后增补合同价款。

思考总结：强化工程量清单管理，业主单位应对清单准确性和完整性负责，避免漏项及特征描述不全。明确价格调整机制，区分商业风险与不可抗力，按规定流程确认材料设备价格变动。施工前做好设计与清单一致性审查，结算时依据实际特征调整价款，确保投资控制合规、精准。

5.2.4 案例四：运行维护工程

1. 案例背景

某委办局为保障核心业务系统稳定运行，启动信息系统运维服务项目，通过公开招标确定了承建单位。随后，业主单位与承建单位签订了运维服务合同，服务期 12 个月，合同总额 120 万元。合同约定每月服务费 10 万元，运维服务内容涵盖表 5-3 列出的五方面。

运维服务内容 **表 5-3**

序号	运维内容
1	日常维护，系统故障处理、用户权限管理等
2	例行巡检，每日早晚两次对系统、服务器等进行状态检查
3	技术支持，7×24 小时热线响应与现场技术支持
4	系统优化，代码修改、性能调优等
5	数据安全，每日备份、备份有效性验证等

合同约定成果物包括：项目周报和项目月报。

每月服务费支付条件为：承建单位完成月度工作并提交成果文件后，向业主单位申请支付月度运维服务费。

项目执行过程中，发生以下事件：

事件 1： 项目启动初期，监理工程师小周在审核付款流程时发现，合同仅约定提交“项目周报和月报”，但未明确要求其具体内容；每日两次的巡检工作是否完成、系统备份是否达标等关键服务内容，无法从现有报告中验证，无法判断是否满足当月的运维工作要求。

小周向业主单位项目负责人孙主任建议：“现在的成果物标准太模糊了，比如巡检记录得有具体时间和设备状态，否则无法判断是否按要求完成工作。同时，要进行月度工作任务清单以及提交成果物文件的三方确认。”随后，小周组织三方会议，讨论成果物细化方案。

事件 2： 运维服务期满 1 个月后，承建单位根据合同约定，提交了月度《付款申请》及成果文件。

小周审核发现：《项目月报》中“例行巡检”部分仅笼统描述“完成当月巡检”；《巡检记录》中缺少当月 5 日、10 日两天的早晚巡检记录。

小周致电承建单位项目经理赵经理：“你们少了两天的巡检记录，未完整提交当月成果物，付款申请得先搁置。”随后签发《监理联系单》，指出问题并要求整改。

问题 1： 事件 1 中，如果你是小周，你建议三方确认的成果物应包含哪些具体内容？

问题 2： 事件 2 中，小周对于承建单位的付款申请不予支持是否合理？

2. 案例解析

解析问题 1：

结合合同中约束的运维服务内容，以及资金拨付的节点要求，小周应要求运维单位在每个月运维工作结束后，提交的项目周报和项目月报至少要包含合同中约定的服务内容记录，例如：

《日常维护记录》，详细记载故障处理时间、问题描述、解决方案及影响范围，如“4 月 10 日，接财务处高老师电话通知，财务系统数据导出异常，2 小时后修复”。

《巡检记录》，每日记录早晚两次巡检情况，包括设备名称、运行状态、温度 / 电压等参数，见表 5-4。

设备信息　　　　　　　　　　表 5-4

巡检时间	设备名称	运行状态	温度	备注
4 月 1 日 8：00	核心交换机	正常	25℃	—

《备份与巡检记录》，附每日备份日志截图、备份介质存放位置记录，以及每月备份恢复测试报告；《系统修改记录》，包含代码修改原因、修改内容、测试结果及上线审批单。

解析问题 2：

小周的做法合理。监理机构应根据合同要求及三方确认的成果物清单内容，先行判断承建单位是否已经完成了当月的运维工作服务，是否存在未完成的服务内容。本项目合同中明确了运维服务内容，其中例行巡检工作要求承建单位每日早晚两次对系统、服务器等进行状态检查。经审查核实，承建单位提交的成果物中缺少两天的巡检记录，当月的成果物不完整，因此，监理机构不应马上支持本次的付款申请报审，并应同时出具《监理联系单》，要求承建单位 3 天内提供完成巡检证明材料；若无法提供完成巡检证明材料，建议项目三方进一步商议，可适当考虑扣除对应天数的巡检服务费，形成工程备忘录，达成一致意见后，继续执行付款流程。

思考总结：合同条款的精细化约定，运维合同应明确每项服务的量化标准（如巡检频次、备份周期）及成果物格式，避免“定期维护”“及时响应”等模糊表述，从源头减少付款争议。成果物的标准化管理，建立《运维成果物清单》，将服务内容转化为可核查的文档（如巡检记录表、备份日志），监理机构需逐项核对签字，确保“花钱必见效”。资金支付的过程化控制，打破“按月固定支付”的粗放模式，将付款与服务完成质量挂钩，对未达标内容按比例扣减费用，形成“服务—成果—支付”的闭环管控。

5.3　项目审计中的投资问题

在项目审计阶段，针对项目投资往往关注以下问题，监理单位需在过程管控中提前考虑并应对：

问题 1：审计单位质疑招标文件制定存在不合理之处，例如：招标采购文件不规范或不公正，评标办法不合理，存在倾向性采购或排他性指标，影响公平竞争。

应对措施：

招标单位在制定招标文件时需注意不得存在倾向性采购或排他性指标，监理机构建议，可通过专家评审的方式完善招标文件。

问题2：审计单位质疑项目中工程变更原因、内容及报价不合理。

应对措施：

项目各方在履行工程变更时，需严格按照项目变更程序执行。监理机构重点审查变更的原因及内容是否真实合理，报价是否真实，变更对投资和工期等影响的处理是否合理。同时形成完备的变更手续资料。

问题3：审计单位发现项目实际结算方式与合同约定不一致。

应对措施：

在项目竣工结算阶段，监理机构重点检查项目竣工结算资料的完整性，结算方式与合同约定方式的一致性，实际工程量和竣工图是否符合，以及材料和设备的进场确认手续是否完备。

5.4 投资控制相关依据文件

5.4.1 信息监理相关规定

1.《信息技术服务 监理 第1部分：总则》GB/T 19668.1—2014

实施阶段的投资控制内容如下：

（1）总监理工程师应依据承建合同及其补充协议，对资金使用实施监督，并审核承建单位提交的工程阶段性报告和付款申请，总监理工程师签发工程款支付意见，报业主单位签认。

（2）监理机构应从目标系统的质量、进度和投资等方面审查工程变更。由于变更引起投资的改变应按照合同的相关条款执行。在合同中没有规定的，应在变更实施前与业主单位、承建单位协商确定变更导致的投资变化，并做工程备忘录。

验收阶段的投资控制内容如下：

（1）总监理工程师审核承建单位提交的付款申请表，根据承建合同规定的付款条件，签发工程款支付意见表。

（2）项目终验后，监理机构应审核承建单位的工程结算，可协助业主单位进行工程决算。

2.《信息技术服务 监理 第3部分：运行维护监理规范》GB/T 19668.3—2017

1）第7.2节：监理内容

第7.2.3条，投资控制相关的监理内容如下：

（1）监理机构应协助需方对供方的技术方案、实施方法、管理方案、所采用的运行维护设施及设备等方面做出必要的经济可行性评审并提出有效建议。

（2）监理机构应在运行维护实施过程中，按阶段提交运行维护费用支付情况的监理报告。

（3）监理机构应针对运行维护过程中的索赔事项，审核各项索赔金额。

（4）监理机构应审核运行维护各阶段付款申请，核算运行维护过程的实际工作量，出具支付意见。

2）第7.3节：监理要点

第7.3.3条，实施阶段投资控制的监理要点如下：

（1）协助需方掌握运行维护预算执行情况，重点关注：

① 以年、季度等为周期，审核供方的预算执行情况和支付申请，结合绩效考核签发工程款支付意见表（见《信息技术服务 监理 第1部分：总则》GB/T 19668.1—2014表B.4）。

② 针对非固定运行维护费，监理机构应依据服务标准、工时、付费方式和计费标准等内容进行审核，对供方的实际有效工时进行记录，并提出核算过程与结论，结合绩效考核提出监理意见。

（2）协助需方对运行维护各阶段付款审核并出具付款意见，重点关注：

① 由总监理工程师依据运行维护合同、SLA及相关补充协议，审核供方提交的阶段性运行维护总结报告和付款申请表（见《信息技术服务 监理 第1部分：总则》GB/T 19668.1—2014表A.5），满足付款条件时，总监理工程师签发支付意见表（见《信息技术服务 监理 第1部分：总则》GB/T 19668.1—2014表B.4），报送需方。

② 如果不具备支付条件，或监理机构不建议进行支付，监理机构应提出监理意见，对问题进行说明，并要求整改，在整改完成后再进行审核。

5.4.2 信息系统监理师教程（第 2 版）相关知识点

1. 第 12.2.4 条：成本控制

项目的成本控制：要更新预算，就需要了解截至目前的实际成本。只有经过变更控制程序的批准，才可以增加预算。只监督资金的支出，而不考虑由这些支出所完成的工作的价值，对项目没有什么意义，最多只能跟踪资金流。所以在成本控制中，应重点分析项目资金支出与相应完成的工作之间的关系。有效成本控制的关键在于管理经批准的成本基准。

项目成本控制包括：

（1）对造成成本基准变更的因素施加影响。

（2）确保所有变更请求都得到及时处理。

（3）当变更实际发生时，管理这些变更。

（4）确保成本支出不超过批准的资金限额，既不超出按时段、按 WBS 活动分配的限额，也不超出项目总限额。

（5）监督成本绩效，找出并分析与成本基准间的偏差。

（6）对照资金支出，监督工作绩效。

（7）防止在成本或资源使用报告中出现未经批准的变更。

（8）向相关方报告所有经批准的变更及其相关成本。

（9）设法把预期的成本超支控制在可接受的范围内。

2. 第 12.4.3 条：工程计量与工程付款控制

价款结算方法与工程付款控制：

工程价款的结算，应根据信息系统工程的特点，既保证承建单位及时补偿实施工作耗费，满足正常资金周转的需要，又要适当简化手续，故应采取适当的价款结算方法。信息系统工程价款的结算及付款控制方法主要有以下几种：

1）按工程标志性任务完成结算

这种工程价款结算方法，是根据信息系统工程建设的特点，按工程标志性任务或阶段来支付结算。信息系统工程中多以合同签订、需求调研完毕、系统测试成功、验收完毕等里程碑式任务作为结算条件。这种结算方式在信息系统工程中较为常见。

2）按旬（或半月）预支，按月结算

工程实施阶段可以实行旬末或月中预支，月终结算工程价款的办法，即每月上、中旬末（或月中），由承建单位按当月计划工作量填列工程价款预支账单，列明工程名称、预算造价、完工进度、预支工程款和实支款项，报送监理工程师、业主单位审查签认；每月终了，承建单位应根据当月实际完成的工程量，实施预算所列工程单价相应取费标准，计算已完工程价值，编制已完工程月报表，填列工程价款结算账单，报送监理工程师、业主单位核实签认后方可领款。

3）按月（或分次）预支，完工后一次结算

对于成本少、实施期短、技术比较简单的工程，为了简化手续，可以采取分次或分月预支，工程完工后一次结算的简便方法。采用这种方法时，应注意使分次（月）预支的款额大体同工程实施进度相适应。

4）按工程进度预支，完工后一次结算

这种工程价款结算方法，是根据信息系统工程的不同性质和特点，按工程建设实施顺序，把其划分为几个实施段落，经测算后定出每一实施段落的造价。当承建单位完成了一定的实施段落后，就可按该实施段落的预算造价进行预支，即由承建单位填制工程造价预支账单，送监理工程师和业主单位审查核实签证后，办理付款。当整个工程完工后，再办理竣工结算。

5.4.3 其他

1.《建设工程工程量清单计价标准》GB/T 50500—2024

1）工程投资相关概念

第 2.0.6 条，单价合同：发承包双方约定以工程量清单、项目特征及其综合单价进行合同价款计算、调整和确认的建设工程施工合同。单价合同在约定的范围内合同单价不做调整。

第 2.0.7 条，总价合同：发承包双方约定以合同图纸、合同规范进行合同价款计算、调整和确认的建设工程施工合同。总价合同在约定的范围内合同总价不做调整。

第 2.0.8 条，成本加酬金合同：发承包双方约定以规定的计量、计价依据所确定的工程成本并加按约定方式计算的酬金进行合同价款计算、调整和确认的建设工程施工合同。

第 2.0.9 条，综合单价：综合考虑技术标准规范、施工工期、施工顺序、施工条件、地理气候等影响因素以及约定范围与幅度内的风险，完成一个单位数量工程量清单项目所需的费用。清单项目综合单价包括人工费、材料费、施工机具使用费、管理费、利润和一定范围内的风险费用，不包括增值税。

第 2.0.28 条，工程变更：经发包人批准的对合同工程工作内容、合同图纸、合同规范、位置与尺寸、施工顺序与时间、施工条件、合同条款或其他特征等的改变。包括对合同工程的增加、减少、取消、替代和使用材料等的改变。

第 2.0.33 条，误期赔偿费：承包人未按照合同工程的计划进度施工，引起实际工期超出合同工期或分期竣工工程的合同工期（包括经发包人批准的延长工期），承包人按合同约定应向发包人赔偿损失的费用。对合同约定采取分期竣工和移交的工程，误期赔偿费是指根据相关工程的工期延误时间按合同约定计算的相关赔偿费用。

第 2.0.34 条，施工过程结算：发承包双方根据有关法律法规规定和合同约定，在施工过程结算节点上对已完工程进行合同价款的计算、调整、确认和支付的活动。

第 2.0.35 条，工程结算：发承包双方根据有关法律法规规定和合同约定，对合同工程实施中、解除时、竣工后的工程项目进行合同价款计算、调整、确认和支付的活动，包括施工过程结算、合同解除结算、竣工结算及工程保修结清。

2）与监理相关内容的理解

住房和城乡建设部于 2024 年 11 月 26 日发布的最新版《建设工程工程量清单计价标准》GB/T 50500—2024，对原需要监理参加的工程量计量现场签证相关描述进行了大篇幅调整，明确取消了“非设计要求的内容按签证计算”的规则，删除了现场签证条款。

2024 版标准将原现场签证的内容进行了拆分，属于设计变更引起的现场签证应并入工程变更当中；属于合同外增加的内容或零星内容引起的现场签证应并入新增工程中；属于工程索赔内容引起的现场签证应并入工程索赔当中。明确了现场签证相关内容在合同价款调整中的归属，使清单计价体系更加清晰，避免了不同概念之间的混淆，便于发承包双方及造价管理人员理解和执行。

此外，在工程实施过程的计量、价款调整、索赔等环节，虽然标准中没有再提及“监理”的直接参与，但实际工程中监理会依据该标准，在监督工程计量、审核价款调整和处理索赔等方面发挥作用。

2.《国家政务信息化建设项目管理办法》（国办发〔2019〕57 号）

第二十三条，项目投资规模未超出概算批复、建设目标不变，项目主要建设内容确需调整且资金调整数额不超过概算总投资 15%，并符合下列情形之一的，可以由项目业主单位调整，同时向项目审批部门备案：……（三）根据所建政务信息化项目业务发展需要，在已批复项目建设规划的框架下调整相关建设内容及进度的。

3.《建设工程质量保证金管理办法》

第七条，发包人应按照合同约定方式预留保证金，保证金总预留比例不得高于工程价款结算总额的 3%。合同约定由承包人以银行保函替代预留保证金的，保函金额不得高于工程价款结算总额的 3%。

4.《中华人民共和国招标投标法实施条例》

第八条，当项目国有资金占控股或者主导地位的依法必须进行招标的项目，应当公开招标；但有下列情形之一的，可以邀请招标：

（1）技术复杂、有特殊要求或者受自然环境限制，只有少量潜在投标人可供选择。

（2）采用公开招标方式的费用占项目合同金额的比例过大。

第二十一条，招标人可以对已发出的招标文件进行必要的澄清或者修改。澄清或者修改的内容可能影响投标文件编制的，招标人应当在投标截止时间至少 15 日前，以书面形式通知所有获取招标文件的潜在投标人；招标人应当顺延提交投标文件的截止时间。

招标人答复：招标人应当自收到异议之日起 3 日内作出答复：作出答复前，应当暂停招标投标活动。

招标人处理异议：投标截止时间不足 5 日，招标人应当顺延提交投标文件的截止时间，顺延至少 10 天的时间，以书面形式通知所有获取招标文件的潜在投标人。

第五十八条，招标文件要求中标人提交履约保证金的，中标人应当按照招标文件的要求提交。履约保证金不得超过中标合同金额的 10%。履约保证金的目的在于担保合同的履行，与我国担保法规定的保证、抵押、质押、留置、定金等担保方式有同等效力，应当视为招标投标合同的履约担保。

5.《工程建设项目施工招标投标办法》

第二十九条，在原投标有效期结束前，出现特殊情况的，招标人可以书面形式要求所有投标人延长投标有效期。投标人拒绝延长的，其投标失效，但投标人有权收回其投标保证金。

第6章 信息系统工程监理案例——变更控制

6.1 浅谈信息系统工程中的变更控制

在信息系统工程项目的实施过程中，变更控制是一个至关重要的环节。由于信息系统工程通常涉及复杂的技术和多方参与，它们具有明确的工作内容及工期要求。因此，变更控制不仅关乎项目的顺利实施和验收，还直接影响到项目的成本、质量和进度。监理机构须在监理项目实施过程中做好变更控制工作，评估变更的风险，确保变更的合理性和正确性。

1. 监理机构开展变更控制的重要性

确保目标实现：在信息系统工程项目实施过程中，一旦发生变更，变更结果往往会直接或间接影响项目目标的实现。监理机构需从项目整体执行的角度出发，充分考虑变更实施对项目建设实施全过程各个环节的影响，做到心中有数，通过有效的变更控制，可以确保项目在变更后仍然能够达到既定的目标，实现用户的要求。

减少项目风险：在信息系统工程项目实施过程中，由于软件开发和系统集成的实施过程往往存在不可见性，因此常常发生变更程序后置的情况，给项目后期进度、成本造成极大压力。未经控制的变更可能会引入新的风险或放大现有风险，未经批准的变更会带来项目后续验收和审计的严重风险。监理机构要对潜在变更风险进行认真分析，对可能发生的变更保持预控能力，建立良好的变更控制机制有助于识别和管理这风险。

保持充分沟通：监理机构需加强变更控制过程中的沟通协调工作，强调变更控制的重要性，帮助项目业主单位和承建单位了解变更的原则、流程、内容及其影响，促进项目各方团队协作，避免不必要的重复工作，提高项目变更实施的工作效率。

2. 变更控制面临的挑战

信息系统变更频繁且复杂：由于近年来信息系统工程项目审批和建设周期较长，项目完成招标并开工建设时，可能距项目前期调研、制定技术方案和设备选型有数月乃至一年以上的时间。在长周期的项目立项审批和建设实施过程中，外部环境变化、技术更新迭代、业主单位组织机构调整、业务流程变化带来用户需求多变等情况时常发生，上述每一项原因都可能会造成建设内容的调整变化，如果变更控制不力，会给项目整体执行、项目管理等多方面带来消极影响。因此，信息系统工程的变更更加频繁且复杂，给变更控制带来了很大的挑战。

变更控制重视程度不足：信息系统工程项目相关方往往对变更控制重视程度不够，项目管理不规范，变更控制程序形式化较为严重。变更发生时，承建单位常以项目工期紧迫、三方确认流程复杂、变更方案已由用户确定等理由忽略变更程序，甚至用“大事化小、小事化了”的敷衍态度跳过变更审批，直接开展变更实施。重视程度一旦不足，变更控制过程也会沟通不畅，只有业主单位和承建单位的少部分人员清楚和控制变更的全过程，未能及时提出变更申请、评估变更风险，也未能将变更情况及时传达给项目组成员。

3. 监理机构应对措施

建立完善的变更控制系统：监理机构需引导项目相关方建立变更控制系统，明确变更控制的流程、责任分工和审批机制，完善变更控制体系，确保变更控制能够有序进行。同时，建立完善的变更控制文档，记录变更请求的提出、会议研究讨论情况、变更风险及评估结果、变更单的批准和变更实施情况等，便于后续跟踪和审计。

加强沟通与协作：任何变更都要得到三方确认，监理机构应建立有效的沟通和协作机制，向项目相关方提出变更事项上传下达的相关具体建议，确保项目关键干系人审批或知晓变更，保持团队成员之间的信息畅通。通过定期会议、报告和书面沟通等方式，及时传递项目变更决策信息，促进变更目标实现。

全面评估变更影响：在潜在变更风险分析和变更控制过程中，监理机构应保持预控能力，防患于未然。不仅应严格履行从变更申请响应、变更目标制定、变更范围界定、协商确定变更、监督变更过程等常规变更控制程序，分析变更对进度、成本等方面的影响，还应该从项目整体角度更加全面评估变更影响，包括从项目立项批复、招标投标、合同履约、项目验收、决算审计和后评价等项目全过程的角度提前分析变更可能带来的潜在风险，为业主单位提出具体的监理建议，为承建单位提出明确的工作要求，规避变更风险，发挥监理作用。

强化变更后的监控与评估：在变更实施后，监理机构应加强对变更效果的监控和评估工作。采用到货验收、巡检、旁站等方式确认变更完成现场实施；采用检查督导、组织用户功能走查等方式确认软件变更实施成果符合用户最终要求；采用进度跟踪检查和阶段任务检查等方式确认经审批的项目延期变更得到落实，并根据监控与评估情况，组织项目相关方及时调整和优化变更实施计划。此外，监理机构切勿忽略对变更后项目文档的复查，应对照变更实施结果与项目需求、设计、实施、总结报告等文档的一致性等方面进行专项审查，确保变更控制和实施全过程闭环，书面记录前后一致。

监理团队的总结与提升：由于信息系统工程项目的唯一性，变更后形成的组织过程资产和项目经验对监理评估变更影响至关重要。相较于项目其他相关方，监理单位在变更控制方面更有经验，应定期组织进行针对项目变更风险和影响的内部培训交流和研究，提高项目监理团队对变更的识别、影响分析和应对能力，通过监理变更控制措施的开展，减轻变更给项目带来的负面影响。同时，监理单位应充分学习理解和掌握有关工程变更的最新政策法规要求，做到变更控制有据可依、规范有效。

综上所述，信息系统工程变更控制对项目目标的顺利实现至关重要。监理机构在变更控制过程中发挥着不可或缺的作用，通过建立完善的变更控制系统、加强沟通与协作、全面评估变更影响、强化变更后的监控与评估以及监理团队内部总结提升等措施，可以有效应对变更控制面临的挑战，确保项目成功实施。

6.2 变更控制案例及解析

6.2.1 案例一：系统集成及软件开发项目

1. 案例背景

某信息系统工程项目旨在为新政务服务中心构建智能化支撑平台，以“一网通办”为核心目标，提升政务服务效能。项目建设内容包括：政务服务平台开发、软硬件设备采购及系统集成，建成后将为区域内群众提供高效、便捷的“一站式”政务服务。

该项目通过公开招标程序，最终确定 A 单位中标项目建设包、B 单位中标项目监理包，两单位依据中标金额与业主单位签订了项目合同。

此外，两单位严格依据投标文件承诺的人员配置方案，组建了专业的项目实施团队及监理机构，分别任命赵经理（高级职称）担任该项目承建单位的项目经理、陈总监（高级职称）担任该项目监理机构的总监理工程师。上述人员任命经业主单位项目负责人孙主任审核确认后同步载入了项目建设合同及监理合同中。

事件 1：该项目的建设合同中包含系统集成方案，方案中明确了合同要求采购的各类设备的安装部署点位。由于该信息系统工程项目立项时，新政务服务中心尚处于土建施工阶段，主体结构未完工便启动了信息化建设，随着土建工程逐步收尾，原规划的办公区域功能布局发生了重大调整，导致原定的终端部署点位需同步调整。

赵经理拿着新布局图找到孙主任："孙主任，原规划的 30 个终端点位和现在的窗口布局对不上，比如原大厅东侧的自助终端，现在那边改成前台了，得挪到中央服务区。"

孙主任回应："确实得调，你按这个新布局改，只要设备数量不变，不用走大流程。"

赵经理点头："明白，这调整不涉及费用，我让团队直接改，就不麻烦监理机构了。"

两日后，陈总监在现场巡检时，发现 2 号窗口的终端安装位置与合同附图不符，当即叫来赵经理："赵经理，终端点位怎么挪了？合同里明明标着东侧靠墙，现在怎么放中间了？"

赵经理略显尴尬："孙主任说布局改了，口头跟我定的新方案，想着不涉及钱，就没跟您说。"

事件 2：由于该项目实施周期跨越国家信息安全政策调整窗口期，在系统开发进入关键阶段时，新的国家信息安全法规正式颁布实施。新规对政务系统的数据加密、访问控制、安全审计等方面提出了更为严格的技术标准。

赵经理依据新规文件提出："现有建设合同中约定采购的软硬件产品无法达到新规要求，需要额外采购一定数量的软硬件安全产品以符合安全标准。初步评估，需额外采购的软硬件产品总费用约 100 万元。"

事件 3：为确保项目所建的政务服务平台满足用户业务需求、操作逻辑符合用户习惯，以及核验平台在真实使用场景下的可用性和可靠性，在承建单位完成政务服务平台的开发和自测后开展了系统用户测试。

某用户在用户测试过程中，认为平台界面友好性欠佳，因此其向赵经理进行了问题反馈并要求进行系统整改。赵经理当场向该用户承诺会根据用户提出的调整建议尽快对系统进行完善整改，随后立即组织项目团队人员着手开展界面整改工作。陈总监在审核承建单位提交的用户测试问题清单时发现了上述情况，经了解，发现原平台界面符合需规中用户所提出的需求，若进行修改则与需规内容不符。

事件 4：项目试运行第 15 天，赵经理因个人原因向 A 公司提出离职。为不影响项目正常推进，A 公司在未履行正式变更手续的情况下，直接任命李经理（中级职称）接任赵经理的项目经理职务并取得了孙主任的口头同意。

监理工程师小周在日常检查时发现了承建单位项目经理变更事项，立即向陈总监汇报了该情况，并向 A 单位核实了李经理的人员履历及资质信息，发现其职称等级不符合招标文件“项目经理须具备高级职称”的强制性要求，随后监理机构组织项目三方召开了专题会议，就人员变更事宜进行沟通讨论。

李经理在会议上解释：“项目已通过初验，主要建设工作已完成，现阶段主要是系统优化和人员培训工作，建议适当放宽职称要求，且我单位已向业主单位报备过这个变动，孙主任已同意。”

孙主任表示确已知晓并认可此事：“考虑到项目已接近尾声，我方原则上同意这个变更，但 A 单位需确保服务质量不得降低，并出具服务质量承诺书。”

问题 1：事件 1 中，监理机构应如何应对？并简述变更流程。

问题 2：事件 2 中，监理机构面对该变更该如何应对处理？

问题 3：事件 3 中，赵经理的做法是否合理？陈总监面对此情况需要作何反应？

问题 4：事件 4 中，承建单位和业主单位的处理有何问题？请指出问题及解决方案。

2. 案例解析

解析问题 1：

变更应遵循严格的流程，确保所有相关方的权益得到保障。在事件 1 中，对建设合同中明确的方案调整也属于工程变更，业主单位与承建单位仅通过口头沟通达成变更协议，这种做法是极其不规范的。监理机构需迅速召集业主单位和承建单位，就双方口头约定的调整内容或潜在变更进行详细讨论和确认，明确变更原因、变更内容、影响范围及责任归属等，形成《工程变更洽商记录》等书面材料。变更实施前，项目参建三方需对该工程变更进行书面审批确认，以此作为变更实施的正式依据。

变更流程：首先要建立严格的变更管理流程，其次要组织变更控制委员会（一般为业主单位、监理单位及承建单位，必要时引入内外部专家和设计单位）评估变更的必要性和影响，明确变更范围。所有变更请求均需通过变更控制委员会的审核。对于合理的变更，制定详细的变更计划，包括变更范围、影响评估、资源调配及时间调整等，并确保变更得到所有相关方的认可。

解析问题 2：

监理机构应组织项目参建三方开展新规符合性评估，如研读新规条文掌握安全技术要求的变更要点、开展差距分析并编制《安全合规差距分析报告》等，如需要可邀请安全领域专家进行方案评审进一步进行论证，明确当前差距及可行方案。

在此基础上，若额外采购的软硬件安全产品新增费用不超出建设合同金额的10%，则监理机构应督促承建单位编制对应的安全实施方案，按此对信息系统进行相应的安全加固和改造；建议业主单位加强与监管机构的沟通，确保项目符合新规要求并执行变更手续。问题 2 中经承建单位初步评估，需额外采购的软硬件产品总费用约 100 万元，若该预估费用经评估、论证合理，则其不超过建设合同总价的 10%，可按上述流程执行变更手续。

依据《中华人民共和国政府采购法》第四十九条，政府采购合同履行中，采购人需追加与合同标的相同的货物、工程或者服务的，在不改变合同其他条款的前提下，可以与供应商协商签订补充合同，但所有补充合同的采购金额不得超过原合同采购金额的百分之十。依据《国家政务信息化项目建设管理办法》（国办发〔2019〕57 号）第二十三条，项目投资规模未超出概算批复、建设目标不变，项目主要建设内容确需调整且资金调整数额不超过概算总投资 15%，并符合下列情形之一的，可以由项目建设单位（业主单位）调整，同时向项目审批部门备案。监理机构应建议业主单位依据上述政策要求进行上报并履行相关手续、流程。

解析问题 3：

赵经理的做法不合理。在用户测试过程中，用户认为系统界面友好性不佳，与承建单位商议修改界面，是合理的行为，但赵经理在了解到该情况后应核实该调整是否与需规中用户所提需求相悖，若相悖则需及时向业主单位及监理单位汇报，共同商讨其可行性。陈总监应要求承建单位与业主单位及用户等相关方进行沟通，明确该调整是共性需求还是个性需求，是否有充足的必要性，若必要则应认真分析该调整对所建平台及项目带来的影响，如工程延期和变更风险。如界面调整涉及工程变更，承建单位应根据业主单位的要求认真分析、评估好变更的目标、代价和后果，并及时向业主单位及监理单位汇报沟通，再执行后续的变更管理工作程序。

解析问题 4：

对于承建单位提出的人员变更，业主单位应会同监理机构对新委任项目经理的能力和资质进行审核，确保新委任项目经理能够胜任岗位、资质满足招标文件要求，业主单位及监理机构应对承建单位提出的项目经理变更申请进行书面审批确认。

承建单位在进行项目经理变更时，应向业主单位及监理单位书面提出变更申请，并附拟更换项目经理的能力及资质情况（须满足招标文件中的对应要求）。若该变更被批准，则在原项目经理离岗前还需做好工作交接，加强知识转移，确保新项目经理快速融入项目并掌握关键信息。

思考总结：项目变更需参建三方共同参与、沟通，需遵循“申请—评估—审批—实施”流程，核心目标是在合规前提下平衡效率与风险，确保项目可控交付。变更要进行技术、成本、进度三重论证，评估对项目的影响，且须有正式记录，避免口头约定。项目变更调整的依据除合同外，还包含招标投标文件等前期依据性文件以及相关政策法规等，但均要进行分级管控，小额调整按合同变更执行，重大调整需重新立项或调整预算。

6.2.2 案例二：运行维护项目

1. 案例背景

某视频会议系统运维项目的目标是为业主单位提供全天候、高可靠性的视频会议保障服务，确保各级会议的高效召开及会议设备的稳定运行。项目建设内容涵盖视频会议系统设备维护、视频监控平台运维及技术支撑服务，建成后将显著提升业主单位远程协作效率及应急响应能力。

该项目的监理单位在签订监理合同后，组建了以陈总监为总监理工程师的监理机构。陈总监从业主单位项目负责人孙主任处获取了该项目的运维服务合同，发现在该为期 1 年的运维服务合同中，明确了须有 3 名运维工程师驻场开展运维工作，驻场运维工程师需包含网络工程师资质等要求，并将运维工程师名单以附件形式附在了运维服务合同后。

事件 1：该运维项目启动 3 个月后，承建单位项目经理赵经理在项目监理例会上向孙主任和陈总监提出：“驻场运维工程师小刘离职了，我们申请调换驻场人员，由小郭替代小刘的职位和职责完成后续驻场运维工作。”并向监理机构提交了人员变更申请。

事件 2：在该运维项目进行到 10 个月时，业主单位需整体搬迁至新办公区，按照搬迁方案替换了部分现有的视频会议设备，致使该运维项目的服务对象减少、服务周期缩短、运维经费约减少 5%，孙主任针对上述情况组织召开了专题会，并在会议上提出了项目变更。项目参建三方对上述不可抗力导致的工程变更表示理解，孙主任提出：“陈总监，除了按规履行变更手续外，为确保项目管理合规、流程完整，你还有没有其他的建议措施?”

问题 1：在事件 1 中，陈总监应如何处理该变更申请?

问题 2：在事件 2 中，陈总监可提出什么建议?

2. 案例解析

解析问题 1：

陈总监收到变更申请后，应按照 SLA 中变更流程启动变更工作，对承建单位提交的变更申请进行审核，审核变更的合理性，确保服务总体质量不受影响。确认变更原因、变更后的人员资质、工作交接计划等，审核要点和内容包括：

（1）变更原因是否客观、合理，属不可抗力范围。本事件中小刘的离职属于客观原因，变更原因合理。

（2）变更后人员的资质及履历是否优于或等于变更前。赵经理未明确小郭的资质及履历情况，陈总监应要求赵经理提交相关材料，若小郭的资质、履历不符合要求则应替换为符合要求的其他人员。

（3）将上述情况向业主单位汇报，如有必要可建议进行人员面试。

（4）工作交接应按照目前项目进度完成全部工作任务、工作成果的交接，并有相关人员签字确认。监理机构对工作交接情况进行审核，人员变更后及时签署个人保密协议。

解析问题 2：

针对该情况，陈总监可提出以下建议：

（1）在业主单位完成搬迁后，监理机构组织业主单位和承建单位根据该项目运维台账进行清点和梳理，确认停用设备清单及设备停用周期。

（2）对照运维合同、招标投标及项目预算批复等文件中相关设备对应的运维经费，确认停用设备金额。

（3）上述内容确定后，由业主单位及承建单位签署补充协议，双方对合同调整原因、变更事项等内容进行确认，补充协议签署后对项目的运维方案、SLA 等文件同步调整，并做好配置变更工作，监理机构对相关方案进行审核，提出监理意见。

思考总结：针对因不可抗力或其他客观原因需进行的工程变更，监理机构应首先明确变更性质，严格审查变更的必要性、合理性及其对项目产生的影响，审核调整方案及调整计划，确保变更程序合规；其次规范变更审批流程，依据变更影响程度分级审批，联动合同条款确保合规，严禁违规操作；同时动态监控变更实施过程，建立风险预警机制，协调多方解决争议并留存全流程文档；最后在变更完成后须验收确认效果，归档完整文档，组织复盘，总结经验教训，以此保障工程变更合法合规推进。

6.2.3 案例三：信息安全项目

1. 案例背景

某信息安全服务项目的安全服务合同内容为：根据国家网络安全相关政策和要求，分析业主单位在建的 10 个业务系统状况与等级保护制度要求的差距，根据差异分析结果，加强防护策略及手段，采购安全设备等。

合同中罗列了 10 个业务系统拟定达到的网络安全保护等级及不同等级的对应测评金额，同时要求承建单位提供安全咨询、安全评估、安全培训等专业的安全服务。此外，针对要求采购的安全设备，在合同明确：若乙方交付的安全设备名称、型号、品牌、产地不符合合同约定及甲方要求，甲方有权拒绝接收货物并要求乙方承担本合同总金额的 30% 违约金。

事件 1：在业主单位组织对 10 个信息系统开展网络安全等级保护定级的专家评审过程中，专家将其中 1 个信息系统 A 的网络安全保护等级最终认定为第二级，业主单位按此等级进行了备案，而非安全服务合同中 A 系统拟定达到的第三级。

针对此事，承建单位项目经理赵经理向业主单位项目负责人孙主任及监理机构总监理工程师陈总监提交了工程变更申请，申请将信息系统 A 的网络安全保护等级从第三级调整为第二级，并按照等保二级的要求制定、落实防护策略，开展测评工作。

事件 2：某日上午，监理工程师小周按计划组织项目参建三方在项目现场开展安全设备到货验收工作。当进行到安全软件 B 的开箱验收环节时，细心的小周通过比对产品说明书和技术参数清单，发现实际到货的软件版本为 V3.0，与安全服务合同中明确约定的 V2.0 版本存在差异，且承建单位提交的到货验收申请资料中也未提及此变化。

发现该情况后，小周立即暂停到货验收流程，召集现场各方代表召开临时协调会。会上，赵经理针对安全软件 B 的版本差异进行了解释：“由于厂商产品线调整，原合同约定的 V2.0 版本已于上月正式停产，经与厂商技术部门确认，新版本 V3.0 不仅完全兼容原有功能，还在系统稳定性、安全防护能力等方面进行了优化升级，各项技术指标均能满足合同要求。”为佐证这一说法，赵经理现场提供了厂商出具的产品升级说明函和新版软件检测报告。

事件 3：在该项目顺利完成安全服务方案设计后不久，项目所在地突发一起性质严重的网络安全事件，引发行业内对安全防护体系的全面审视。承建单位在事件分析过程中敏锐地发现，本项目现有安全架构存在类似隐患，亟需增加相应的安全审计功能模块以满足监管合规要求及应对潜在风险。赵经理意识到问题的严重性与紧迫性，立即通过电话沟通的形式向孙主任和小周汇报了上述情况，并提出紧急变更需求。

小周在详细了解事件背景后，充分认识到安全审计功能的缺失可能带来的重大风险。考虑到事态紧急，在与业主单位简单沟通后，小周当场做出同意变更的监理意见。

获得初步同意后，赵经理为抢抓安全“窗口期”，迅速组织项目团队投入变更内容的紧急实施。由于前期未对变更内容与现有系统架构进行充分的分析及测试，新部署的安全审计模块与原有系统的核心组件及权限管理机制产生严重冲突，导致系统出现频繁报错、数据传输异常等问题。

经技术团队反复排查与调试，发现需对原有系统架构进行大规模重构，这不仅大幅增加了开发工作量和资源投入，更致使项目成本超出预算 23%，整体工期延误近一个月，对项目建设及管理造成了重大影响。

问题 1：事件 1 中，赵经理提出的变更申请及依据是否合理？请说明理由。

问题 2：事件 2 中，承建单位是否存在合同违约行为，是否可以正常开展到货验收？请说明理由。

问题 3：事件 3 中，小周在该次变更控制过程中是否有不妥之处？如有，请指出。

2. 案例解析

解析问题 1：

赵经理提出的变更申请及依据合理。虽然安全服务合同中明确系统 A 拟定达到的网络安全保护等级为第三级，但根据《信息安全技术 网络安全等级保护定级指南》GB/T 22240—2020 中对定级流程的要求，安全保护等级初步确定为第二级及以上的等级保护对象，其网络运营者依据本标准组织进行专家评审、主管部门核准和备案审核，最终确定其安全保护等级。

该项目严格按照上述要求履行了定级流程，且最终备案结果为第二级。虽然定级指南要求以最终备案等级为准，但合同约定的三级等保是双方明确义务。因此承建单位提出该工程变更申请的理由合理、依据充足。但在该事件中，监理机构需核实该变更是否对合同金额产生影响，由于合同中明确了 10 个信息系统拟定达到的网络安全保护等级及不同等级的对应测评金额，因此系统 A 的测评费用应从第三级测评费用调整为第二级测评的费用，即需进行合同金额的变更调整，监理机构应协调业主单位和承建单位对此事达成一致意见，并履行项目变更流程、做好相关手续。

解析问题 2：

承建单位不存在合同违约行为，但是不可以正常开展到货验收工作，具体原因如下：

安全软件 B 实际到货版本型号发生改变的原因是产品版本升级，原版本已停产，属于软件迭代升级。但从项目实操角度来看，不能默认新版本软件的各项功能参数全部优于老版本，也不能默认新版本软件就不存在与现有系统或开发系统兼容性适配问题，需进行充分的测试验证。如果新版本软件与系统不兼容，需要协调原厂协助调试或考虑其他备选方案。

同时，程序合规性和价格因素也需要考虑。新版本可满足合同所要求的所有参数，证明其能满足甲方的使用需求。但是承建单位需正式提交工程变更申请，明确变更原因，提供安全软件 B 停产和版本升级的相关证据（例如停产说明、产品升级说明函、新版软件检测报告、兼容性验证测试报告等正式盖章文件），并进行三方询价，明确其市场价格与原版本之间是否存在差距，原则上新版本不得高于原合同价格，若新版本市场价格低于原版本则应进行工程费用核减。

此外，赵经理提交的到货验收申请资料也应体现该软件版本变化，内容应与实际到货产品信息保持一致，并对变化原因进行书面解释说明，将证明资料如工程变更单附在资料后。

解析问题 3：

小周在本次变更控制中的不妥之处包括：

（1）小周未在工程变更前评估该变更对项目计划、流程、预算、进度、可交付成果的影响。

（2）小周在口头同意变更申请前，未与陈总监商议承建单位所提出的变更申请，未取得陈总监的许可。

（3）小周不应口头接受变更申请，工程变更须使用变更申请单书面提出，且必须获得承建单位（赵经理）、监理机构（陈总监）和业主单位（孙主任）的书面批准才可实施。

（4）变更申请单批准后，小周须要求承建单位修改项目整体计划，反映（或体现）出该变更对整体项目计划的影响。

（5）小周未要求承建单位提交紧急变更的风险预案，导致变更实施无保障措施。

（6）小周替代业主单位做出变更决策，违反监理角色定位（应提供专业意见，由业主单位最终批准）。

思考总结：合规性是项目推进的基石，项目合同需在符合国家相关政策标准的框架下执行，不能单纯依赖合同约定。当出现合同与国家标准不符时，监理机构要及时提醒业主单位及承建单位进行合理调整，并关注由此带来的合同金额等条款的变更，以保障项目合法合规推进及各方权益不受损。

此外，规范的变更管理流程是项目稳定运行的保障，即便变更理由合理，也必须通过正式书面申请提出，提供充足证据，并保持信息畅通与决策统一，全面评估变更对项目预算、进度等多方面的影响，并需获得参建三方项目负责人书面批准后方可执行。

6.3 项目审计中的变更问题

在项目审计阶段，针对项目变更往往关注以下问题，监理单位需在过程管控中提前考虑并应对：

问题 1：审计单位发现未履行变更审批手续或审批手续不全而随意变更。

应对措施：

在项目实施过程中，禁止发生不履行变更审批手续随意增加工程内容、更换材料设备；不得“先斩后奏”，事后补办变更手续。监理单位需重点审查工程变更是否按正确的程序执行，必要时提前与项目参建各方沟通协商项目潜在变更风险，提出应对措施。

问题 2：某市发改委投资项目在竣工决算审计过程中，审计单位发现变更项已超过概算批复批准的建设规模且已超过概算总投资的 15%。

应对措施：

《国家政务信息化建设项目管理办法》（国办发〔2019〕57 号）规定，项目投资规模未超出概算批复、建设目标不变，项目主要建设内容确需调整且资金调整数额不超过概算总投资 15%，且需符合特定情况的，可以由项目业主单位调整，同时向项目审批部门备案。本项目审计单位所发现的问题，已不符合文件要求。项目应在变更前，向概算批复单位申请，并按照国家有关规定履行相应手续。

6.4 变更控制相关依据文件

6.4.1 信息监理国标相关规定

1.《信息技术服务 监理 第 1 部分：总则》GB/T 19668.1—2014

第 8.2.5 条，变更方案的管理，具体内容如下：

（1）监理机构应控制设计变更，变更应由三方达成共识，并做工程备忘录。

（2）监理机构应及时对合同的变更结果做工程备忘录。

（3）监理机构应对设计阶段协调的结果做工程备忘录。

第 8.3.7 条，关于实施阶段的协调：监理机构应协调业主单位和承建单位对工程变更的范围和内容等，达成一致意见。

2.《信息技术服务 监理 第 5 部分：软件工程监理规范》GB/T 19668.5—2018

第 6.3.1 条，关于监理要求，应及时对变更进行响应，并做好如下工作：

（1）监理机构宜组织业主单位和承建单位对变更风险进行评估，包括对工程计划、费用、效益、质量和进度等的影响。

（2）变更有关的申请、评估、计划、实施、验证等，应予以记录并妥善保管。

（3）涉及合同变更的，监理机构应按照合同及法规的要求协助业主单位进行处理。

6.4.2 信息系统监理师教程（第 2 版）相关知识点

1. 第 17.3.1 条：变更控制程序

一般来说，变更控制程序包括以下步骤：

（1）及时了解变化。

（2）接受变更申请。

（3）变更初审。

（4）变更分析与评估。

（5）确定变更方案。

（6）签发工程变更单并公布变更。

（7）监控变更实施。

（8）变更效果评估。

2. 第 17.4.3 条：投资变更控制

监理工程师审查工程变更时，如果因为成本变更引起了投资的变化，应按照承建合同的相关条款执行。在合同中没有规定的，应在变更实施前与业主单位、承建单位协商确定，并做工程备忘录。

对成本变更的控制措施主要包括：

（1）对可能导致成本变更的因素施加影响。

（2）确保按照约定的变更控制程序处理成本变更。

（3）保证潜在的成本超支不超过授权的项目阶段投资和总体投资。

（4）监督成本绩效，找出并准确记录所有的与成本基准的偏差。

（5）成本产生超出合理范围的正、负偏差时，应查明原因，大量的成本节余未必是好事，可能潜藏计划无效、功能遗漏、质量下降等隐患。

（6）防止错误的、不恰当的或未批准的变更被纳入费用或资源使用报告中。

3. 第 17.4.4 条：合同变更控制

1）合同变更的条件

（1）双方当事人确实自愿协商同意，并且不因此而损害国家利益和社会公共利益的。

（2）由于不可抗力致使合同的全部义务不能履行。

（3）由于另一方在合同约定的期限内没有履行合同，且在被允许的推迟履行期限内仍未履行。

（4）合同的变更给另一方当事人造成损失的，除依法可以免责的以外，应由责任方负责赔偿 。

2）合同变更的一般程序

（1）当事人一方要求变更合同时，应当首先向另一方用书面的形式提出。

（2）另一方当事人在接到有关变更项目合同的建议后，应及时做出书面答复，如同意即表明承建合同的变更发生法律效力。

（3）变更合同的建议与答复，必须在双方协议的期限之内，或者在法律或法令规定的期限之内。

（4）合同变更如涉及国家指令性项目时，必须在变更合同之前报请有关部门批准。

（5）因合同变更发生的纠纷，依双方约定的解决方式或法定的解决方式处理。

6.4.3 其他

《国家发展改革委关于进一步加强国家电子政务工程建设项目管理工作的通知》（发改高技〔2008〕2544号）:

项目建设部门应严格按照批复的初步设计方案和投资概算实施项目建设。主要建设内容或投资概算确需调整的，应事先向国家发展改革委提交调整报告，履行报批手续。对于投资规模未超出概算批复、原有建设目标不变且总概算规模内单项工程之间概算调整的数额不超过概算总投资15%的项目，并符合以下三种情况之一的可由项目建设部门自行调整，同时将调整批复文件报国家发展改革委备案:

（1）确属于对原项目技术方案进行完善优化的。

（2）根据国家出台的新政策或中央领导部署的新任务要求，改变或增加相应建设内容的。

（3）根据所建电子政务项目业务发展的需要，在国家已批复项目建设规划的框架下适当调整相关建设进度的。

第7章

信息系统工程监理案例——合同及文档管理

7.1 浅谈信息系统工程中的合同管理和文档（信息）管理

7.1.1 浅谈信息系统工程中的合同管理

合同又称契约，其概念有广义和狭义之分。广义的合同泛指一切确立权利义务关系的协议，既包括民法中的合同，也包括行政法中的行政合同、劳动法中的劳动合同、国际法中的国家合同等；狭义的合同仅指民法上的合同，即当事人双方或数方设立、变更或终止相互民事权利义务关系的合同。我国《民法典》基本上采纳了狭义的合同的概念。民法典规定：合同是民事主体之间设立、变更、终止民事法律关系的协议；依法成立的合同，受法律保护；依法成立的合同，仅对当事人具有法律约束力，但是法律另有规定的除外。

1. 信息系统工程合同管理的重要性

信息系统工程从招标、设计、实施到竣工验收交付使用，涉及业主单位、承建单位、产品供应商、产品生产厂家、监理单位等多个单位。如何使信息系统工程各有关单位建立起有机联系，使之相互协调、密切配合，共同实现信息系统工程建设进度目标、质量目标和投资目标，一个重要的措施就是利用合同手段，运用经济与法律相结合的方法，将信息系统工程所涉及的各个单位在平等合理的基础上建立起相互的权利义务关系，以保障信息系统工程目标任务的顺利实现。

合同管理是信息系统工程监理的重要内容之一，贯穿于信息系统工程的全过程，本着客观、公正、合理的原则，监督各方履行合同的行为，目的在于确保合同正常履行，维护合同各方的正当权益，全面实现信息系统工程目标的完成。因此，业主单位、承建单位、监理单位及其他合同各方都必须树立起强烈的合同意识，严格履行合同，按合同约定做好信息系统工程的一切工作。有效的合同管理是管理而不仅仅是控制。合同管理做得好，可以避免双方责任的分歧，是约束双方遵守合同规则的武器。

2. 信息系统工程合同管理的基本原则

合同管理的原则是指监理机构在信息系统工程监理过程中针对各类合同的管理须遵循的原则，贯穿合同管理的全过程，包括事前预控原则、实时纠偏原则、充分协商原则和公正处理原则。

合同管理的这几项原则，贯穿合同管理的整个过程。当然，在实际监理工作中可能还会遇到更多更复杂的问题，每个监理工程师都应本着实事求是的态度，遵循合同管理的几项基本原则，做好监理工作。

3. 信息系统工程监理合同管理主要工作内容

（1）拟定信息系统工程的合同管理制度，其中应包括合同的拟定、会签、协商、修改、审批、签署、保管等工作制度及流程。

（2）协助业主单位拟定信息系统工程合同的各类条款，参与业主单位和承建单位的谈判活动。

（3）及时分析合同的执行情况，并进行跟踪管理。

（4）协调业主单位与承建单位有关索赔及合同纠纷的事宜。

归纳起来，监理工作在合同管理中的主要内容包括三部分，即合同的签订管理、合同的档案管理和合同的履行管理。

综上所述，信息系统工程的建设过程实际上就是合同的执行过程，合同既是工程建设的基本依据，也是监理机构工作的主要依据之一。合同管理是合同得到有效履行的有力保证，贯穿于监理活动的始终，合同管理的任务是对承建合同的签订、履行、变更、终止或解除进行检查和监督，以保证承建合同的签订、执行具备合法性和有效性。

7.1.2 浅谈信息系统工程中的文档（信息）管理

信息管理是信息系统工程监理工作中的重要内容，监理机构通过信息管理，为监理机构在信息系统工程中进行质量控制、进度控制、投资控制、合同管理、文档资料管理和组织协调提供信息支持。

监理工程师应熟知信息系统工程中信息管理的概念、信息的分类，参与监理文档的管理，熟练掌握监理文件（日志、周报、月报、专题报告、总结报告等）的内容、作用和填写方法。

1. 信息系统工程监理文档（信息）管理工作的重要性

监理机构进行信息管理的目的是促使承建单位通过有效的工程建设信息规划及其组织管理活动，使项目相关方能及时、准确地获得有关的工程建设信息，以便为项目建设全过程或各阶段提供决策所需要的可靠信息。

另外，通过对信息系统工程建设项目监理过程信息的采集、加工和处理，为监理工程师的决策提供依据，以便对工程的投资、进度、质量进行控制，同时也为确定索赔的内容、金额和反索赔提供确凿的事实依据。因此，信息管理是监理工作的一项重要内容。

2. 信息系统工程相关信息分类

1）按项目参与单位分类

信息系统工程监理相关信息按照项目参与单位可以划分为业主单位信息、承建单位信息、监理单位信息。

业主单位信息：指业主单位在项目中发送给有关单位的指令、通知、函件等与项目有关的所有信息总称。

承建单位信息：指承建单位在项目中发送给有关单位的计划、方案、通知、报告、请示等与项目有关的所有信息总称。

监理单位信息：指监理单位在监理工作中收集、产生、记录、整理的与监理工作有关的所有信息总称。

2）按工程建设阶段分类

信息系统工程监理相关信息按照工程建设阶段可以划分为招标阶段信息、设计阶段信息、实施阶段信息、验收阶段信息。

3）按监理角度分类

信息系统工程监理相关信息按照监理角度可以划分为：总控类文档、监理实施类文档、监理回复（批复）类文档、监理日志及内部文档。

3. 信息系统工程监理信息（文档）管理主要工作内容

监理机构的信息管理工作是指收集并整理本工程的监理信息，作为信息系统工程信息的一部分；督促承建单位建立管理信息系统，在工程项目建设的各个阶段，对所产生的、面向信息系统工程建设项目管理业务的信息进行收集、加工、储存、传输、使用、整理和维护；协助业主单位建立信息管理制度，接收信息系统工程信息资料，对这些资料进行归整、保管和使用。

1）总控类文档

总控类文档是指项目相关方的承建合同、设计方案、技术方案、项目组织实施方案、项目进度计划、质量保证计划、采购计划、监理大纲、监理规划及监理实施细则等文档。其他文档逻辑上都是从总控类文档派生出来的。

2）监理实施类文档

监理实施类文档（工程作业记录）主要包括：工程变更监理文档、工程进度监理文档、工程质量监理文档、监理报告（监理日报、监理周报、监理月报、专题报告、工程验收监理报告、监理总结报告）等。

3）监理回复（批复）类文档

监理回复类文档是指监理单位在收到承建单位或者业主单位的工程文档时，由监理单位负责回复或批复意见的文件。

监理的主要回复文档可分为：总体监理意见、工程监理意见、培训监理意见、专题监理意见、其他监理意见、提交资料回复单等。

4）监理日志及内部文档

监理工作日志主要记录现场监理工作情况，例如当天的大事、要事、活动以及监理资源投入情况。监理日志由现场监理工程师编写。

内部文档是监理单位为开展工作在监理单位内部发行的各种文件。

综上所述，信息（文档）管理是信息系统工程监理工作中的重要监理内容，监理机构通过信息（文档）管理，为监理单位在信息系统工程中进行质量控制、进度控制、投资控制、合同管理、文档资料管理和组织协调提供了重要的信息支持。

7.2 合同、文档管理案例及解析

7.2.1 案例一：系统集成及软件开发项目

1. 案例背景

某单位为提升行政服务效能，向市发展改革委申报电子政务系统建设项目《可行性研究报告》，建设内容涵盖软件开发、设备采购、系统集成等。市级发展改革部门于 2024 年 1 月批复，核定项目总投资 1250 万元。

2024 年 3 月，业主单位通过公开招标确定了承建单位，并与承建单位签订了建设合同，合同金额 1200 万元，支付条款为：合同签订后支付 30%，项目通过初步验收后支付 60%，通过竣工决算后支付 10%，项目建设周期 10 个月。

项目执行过程中，发生了以下事件：

事件 1：合同签订阶段，监理机构总监理工程师陈总监在审核合同附件《技术规格书》时发现，核心交换机的参数与投标文件承诺不一致，吞吐量由“≥ 100Gbps”调整为“≥ 80Gbps”，陈总监立即向业主单位项目负责人孙主任汇报：“孙主任，核心交换机关键指标低于投标承诺，可能影响系统性能，得让承建单位给出正式说明。”

事件 2：项目实施 2 个月后，孙主任根据实际建设需求，向市发展改革委提交了《初步设计概算报告》，对部分软件开发内容进行了调整，新增“政务数据共享平台”模块，删减原“行政审批流程模块”部分功能，导致软件开发费用增加 50 万元。

经市发展改革委审核，批复的最终建设合同额为 1230 万元。陈总监提醒孙主任：“孙主任，咱们需要根据初步设计概算批复进行项目变更，并签订合同补充协议。”孙主任表示认可：“是的，补充协议你可得帮我做好审核啊。”

问题 1：事件 1 中，陈总监应如何处置合同附件与投标文件的不一致的问题？

问题 2：事件 2 中，针对合同补充协议，监理机构应重点关注哪些内容？

2. 案例解析

解析问题 1：

在本事件中，陈总监首先应要求承建单位重新提交符合要求的合同附件。如因投标笔误，实际不存在该型号该参数的设备，陈总监应要求承建单位提供原厂证明材料。若业主单位接受参数调整，陈总监应组织双方进行书面确认，必要时，可组织专家评审会，评估 80Gbps 交换机在当前业务量下的适用性；如业主单位拒绝调整，陈总监应要求承建单位提供其他品牌不低于原参数的设备，以及新设备的价格证明材料，最后，也应组织双方进行书面确认。

解析问题 2：

监理机构应重点关注以下内容：

（1）变更内容是否与初步设计批复一致。

（2）由于合同金额发生变化，第二、三笔工程款的支付金额可能受到影响，签订补充协议时需要重新约定第二、三笔工程款支付条款。监理机构需与业主单位沟通，第二笔工程款按照原合同支付条款支付，即第二笔工程款支付原合同额 1200 万元的 60%，初步设计批复新增金额与第三笔工程款合并支付，还是按照原支付比例 60% 支付，即支付 1230 万元的 60%，剩余金额与第三笔工程款同步结算。

（3）由于新增了部分软件开发内容，监理机构需组织承建单位评估是否对项目工期造成影响，如是，应在补充协议内一并说明。

思考总结：合同与投标文件的一致性审核至关重要，应严格依据投标文件签署项目合同；合同执行中，当对原合同调整时，要及时签订补充协议，以形成闭环管理，保障合同的法律效力和项目的顺利执行。

7.2.2 案例二：基础设施项目

1. 案例背景

某保密单位启动数据中心绿色化改造及保密会议室新建项目，与承建单位的施工合同中约定：

（1）数据中心微模块由业主单位直接向设备制造厂商采购。

（2）承建单位负责到场设备的清点、验收、接收和安装。

（3）材料费中包含技术保密费、专利费和技术资料费等。

工程实施过程中发生如下事件：

事件1：图纸审查阶段，监理机构总监理工程师陈总监发现当前建筑实际荷载（$5kN/m^2$）无法达到UPS电池室楼板可变荷载（设计要求$8kN/m^2$）的设计要求，经核查为设计单位参考资料错误所致。

承建单位按程序进行了建筑楼板加固处理后，承建单位项目经理赵经理向业主单位提出工期和费用索赔申请，要求延长工期15天，索赔加固工程费30万元。

事件2：微模块安装调试后，因设备零部件缺陷未通过验收，需更新设备零部件。赵经理按程序向业主单位提出索赔申请，包括零部件拆除费5万元，新零部件购置费20万元，重新安装费8万元。

业主单位项目负责人孙主任提出："根据合同约定，由你们负责到场生产设备的清点、验收、接收和安装，你们应该直接找设备制造厂商索赔，而不是向我们索要赔偿。"

事件3：保密会议室施工过程中，承建单位按合同约定计划使用自有专利的新型隔声材料，陈总监提出需对新材料的验收标准组织专家论证，项目参建三方同意了陈总监的提议，但在确定专家论证会的会议组织单位时产生了分歧。

事件4：项目结算时，赵经理提出："新材料专利费未包含在合同价中，业主单位需额外支付我单位12万元的新材料专利费。"

问题1：事件1中，赵经理提出的工期和费用索赔是否成立？

问题2：事件2中，赵经理提出的费用索赔申请中哪些可以获得批准？赵经理是否应采纳孙主任的建议？

问题3：事件3中，新材料验收标准应由哪家单位组织专家论证？

问题4：事件4中，赵经理要求支付新材料专利使用费是否合理？

2. 案例解析

解析问题 1：

赵经理提出的工期索赔成立，费用索赔不成立。

数据中心设计单位参考资料有误应为设计单位的责任，而不属于承建单位的责任，属于非自身原因造成的项目延期。因此工期索赔合理；由于未造成实际损失，费用索赔不合理。加固工程属于设计变更范畴，应按合同约定的变更程序处理。

解析问题 2：

赵经理可获批准的索赔项包括：零部件拆除费用、重新安装费用，以上两项费用属于承建单位实际损失，且非自身原因导致，故可以支持。新零部件由业主单位采购，购置费应由业主单位承担。

对于孙主任提出承建单位直接向设备制造厂商索赔费用的建议，赵经理不应采纳。承建单位与设备厂商无直接合同关系，索赔需基于施工合同向业主单位提出，业主单位可依据采购合同向设备厂商追偿。

解析问题 3：

新材料验收标准应由承建单位组织专家论证。依据《建设工程监理规范》GB/T 50319—2013 规定“新材料验收标准应由承建单位组织专家论证。”

解析问题 4：

赵经理要求支付新材料专利使用费不合理。合同明确约定“材料费包含专利费”，新型隔声材料的专利费已包含在合同总价中，承建单位不得重复计费。

思考总结：合同索赔需明确责任归属，非承建单位原因致工期延误可索赔，但费用索赔需依据合同及实际损失判定，设计变更应按程序处理而非直接索赔；恪守合同相对性原则，索赔仅存在于合同双方，承建单位不可跨越向第三方主张；精准解读合同费用条款，不得重复计费。

7.2.3 案例三：系统集成及软件开发项目

1. 案例背景

某单位为响应政府信息化建设要求，建设业务信息系统，涵盖基础支撑环境（服务器、网络设备）和业务应用系统（核心业务模块、数据交互平台），项目建设周期为 12 个月，涉及硬件部署、软件开发、系统集成等多项建设任务。

在项目实施过程中，发生了以下事件：

事件1： 项目启动会上，监理机构总监理工程师陈总监强调："项目文档管理是重点，承建单位要做好文档管理和过程记录。"具体要求包括：承建单位需每周提交《项目周报》，明确各项工作进展亟待解决的问题；按阶段形成技术文档，如需求调研完成后应及时提供《需求规格说明书》。

考虑到该项目工期紧、任务重，承建单位项目经理赵经理提出请求："撰写文档势必会影响项目建设进度，能否在验收前统一提交项目文档？"

陈总监回应道："文档是过程管控的核心，必须按规范执行，避免文档滞后于建设导致的责任不清。"

事件2： 项目进入试运行阶段，承建单位根据用户反馈意见对系统的"数据查询模块"进行了优化调整。

原操作流程为："登录→进入查询页面→输入关键词→点击查询→导出（支持Excel、PDF）"。调整后，需要特定权限才能进行导出。

然而完成模块调整后，大量用户向业主单位项目负责人孙主任反馈无法找到导出按钮。承建单位核实后发现该问题产生的原因是《用户使用手册》修订不及时，用户手中的《用户使用手册》仍为模块调整前的版本，未进行对应修改完善。

针对孙主任的责问，赵经理解释道："由于当时用户催得紧，该调整较为仓促，用户使用手册更新滞后了，我们想着这是个小调整，用户问起时口头解释一下行了。"

问题1： 事件1中，陈总监的要求是否合理？请进行说明。

问题2： 事件2中，《用户使用手册》与实际系统不一致，可能会引起什么问题？

2. 案例解析

解析问题1：

陈总监的要求是合理的。本项目的建设内容涉及专业较多，各分项工程将同步进行，做好过程记录有利于项目过程的管理，为项目进度、质量管理等创造便利条件。监理机构应督促项目承建单位对整个项目的实施过程予以记录，形成项目周报及相关记录文档。出现问题时（如服务器操作系统安装与系统开发存在强依赖关系，服务器未按时到位导致开发延期问题应在过程文档中予以记录），可以及时根据文档进行溯源和定责。

解析问题2：

系统调整未在用户手册中体现，将导致用户业务办理效率下降，而这种脱节会反向影响其他文档的有效性，如测试文档中“功能测试通过”的结论因用户实际操作受阻而失去说服力，造成“文档记录与业务实效背离”的矛盾；后续运维团队若依据旧版《用户使用手册》开展系统维护（如指导用户操作），会因信息滞后引发新的操作问题。

《用户使用手册》未更新看似是单一文档问题，实则反映了“文档与建设不同步”的系统性风险。任何一类文档与建设不符，都可能会导致全流程管理的“多米诺效应”——从需求落地、功能测试到最终交付、运维培训，每一环的文档失真都会削弱项目的可控性。

思考总结：对于系统建设而言，文档不是“附加任务”，而是建设过程的“数字孪生”，文档管理不是“形式主义”，而是保障项目质量、界定责任的核心工具，完整的过程文档是项目验收的核心依据，规范的项目文档可满足后续审计需求，清晰呈现项目资金的使用轨迹与成果对应关系。

7.2.4 案例四：基础设施项目

1. 案例背景

某公安局现有弱电系统已难以满足日益增长的警务办公、执法办案以及内部安全管理需求，为提升警务办公信息化水平和安全防范能力，某分局启动了装修加固改造工程（弱电工程）项目。此次项目依据建筑物结构特点与分局业务需求，旨在通过全面升级建设光缆路由、综合布线系统、机房基础设施建设等核心系统，从根本上提高分局办公及安全防范能力，达到警务办公高效化、执法办案智能化、内部安全管理精细化的要求，打造符合新时代警务工作的数字化环境。

项目实施过程中发生如下事件：

事件1：项目监理合同签订后，监理机构总监理工程师陈总监召集小王（总监理工程师代表）、小周（监理工程师）召开内部工作会，明确分工：“这个工期紧、任务重，工作需要快速推进。小王，你有多个项目总监经验，这次由你牵头编制监理规划，完成后我审批。小周，投标时的监理大纲内容挺全，你直接照着编监理实施细则，报给小王批就行。”

事件2：承建单位按照流程向项目监理机构提交了分包单位资格报审材料，其中涵盖了营业执照、特殊行业施工许可证、分包单位业绩以及拟分包工程的内容和范围等资料。陈总监秉持着严谨负责的态度，对承建单位提交的材料进行了严格的审核，发现上述材料尚不足以全面评估分包单位的实际能力，随即要求承建单位补充完善相关证明材料，以确保分包工程的质量可控。

事件 3：项目竣工验收后，监理机构在陈总监的带领下开始整理项目监理文档资料。为了尽快完成监理文档的移交工作，陈总监向业主单位项目负责人孙主任提议："孙主任，监理文档太多，我邮寄给您吧。"孙主任认为该方案省时省力，便立即同意了陈总监的提议。

两天后，孙主任收到了陈总监邮寄来的监理文档，通过微信告知陈总监："文档已收到。"陈总监随即将聊天记录截图，作为监理文档移交的凭证进行留存。

问题 1：事件 1 中，陈总监对工作的安排有哪些不妥之处？

问题 2：事件 2 中，承建单位还应补充提交哪些材料？

问题 3：事件 3 中，请指出陈总监在监理文件移交方面的不妥之处，并写出正确做法。

2. 案例解析

解析问题 1：

陈总监不应将主持编制监理规划的工作指派给小王，也不应让小周对照投标文件编制监理细则。

依据《信息技术服务 监理 第 1 部分：总则》GB/T 19668.1—2014 和《信息系统监理师教程》（第 2 版）中对监理规划和监理实施细则的编制要求，主持编制监理规划是总监理工程师的职责范围，不可委托给其他角色完成，监理规划编制完成后，应经监理单位技术负责人审批；监理工程师需依据监理规划，编制监理细则，监理细则应经总监理工程师批准。

解析问题 2：

依据《建设工程监理规范》GB/T 50319—2013 中对分包单位资格审核的相关规定，承建单位还应补充提交的材料包括：企业资质等级证书、专职管理人员和特种作业人员的资格证及上岗证。

解析问题 3：

陈总监不应通过邮寄和聊天软件确认的方式进行监理文档的移交工作。监理单位向业主单位移交档案时，应编制移交清单，双方签字、盖章后方可交接，邮寄和聊天软件确认的方式使得双方无法对文档的齐备性进行现场核对，也无法履行正式的移交手续，做到工作留痕。

思考总结：监理机构需做到人员角色职权匹配，并严格遵守项目各阶段流程制度，不可敷衍糊弄、只求方便。此外，对于存在分包的建设项目，监理机构需关注分包单位资质审核要素，评估分包单位专业能力，确保其有资质、有能力承担项目分包内容建设。

7.2.5 案例五：运行维护项目

1. 案例背景

随着数字化转型的深入推进，某市委办局为保障关键信息基础设施安全稳定运行，通过公开招标的方式选中了某公司作为网络信息安全及基础设备运维服务项目的承建单位。该项目服务范围涵盖核心网络设备、服务器集群、安全防护体系以及数字证书系统的全方位运维保障，是确保该委办局各项业务系统持续可靠运行的重要支撑。为确保项目能够高质量推进，业主单位引入了专业的监理单位，期望借助其专业能力对项目进行全方位把控。

项目启动会上，承建单位项目经理赵经理对运维服务方案进行了详细汇报，重点介绍了网络和服务器设备运维、安全运维、数字证书运维三大类运维服务内容，以及配备的专业技术团队和质量管理措施。随后，监理机构总监理工程师陈总监汇报了监理工作方案，并重点强调："文档不仅是运维工作过程的真实记录，更是项目最终成果物的重要组成部分，对于保障合同的顺利执行、项目的验收以及后续审计都起着关键作用。因此，赵经理你们必须按照运维服务内容，及时、准确地提交对应的文档，任何环节都不容疏忽。"

事件 1：项目启动会后，赵经理向监理机构提交了运维服务方案。陈总监审核后致电赵经理："赵经理，这份方案和启动会汇报内容几乎一样，太笼统了，不足以切实指导运维工作的开展并完成成果物交付，你们补充完善后再行提交。"

事件 2：运维服务过程中，承建单位按照计划顺利完成了信息系统渗透测试的技术实施工作。然而，监理工程师小周在日常监督检查中发现，尽管测试工作已经完成多日，但几经催促赵经理却始终未能按要求提交正式的信息系统渗透测试报告。于是他立即将此事汇报给了陈总监，并向承建单位发出监理工作联系单，要求其在 3 个工作日内提交通过承建单位内部审核的信息系统渗透测试报告，且在后续的运维服务过程中，必须在每项服务完成后及时编制并提交对应的服务文档。

问题 1：事件 1 中陈总监提出的要求是否合理？运维服务方案的内容要求是什么？

问题 2：承建单位在渗透测试工作完成后，未及时提交相关文档，对项目运维实施是否有影响？小周的做法合理吗？

2. 案例解析

解析问题 1：

陈总监提出的要求合理。项目启动阶段，监理机构应要求承建单位依据合同约定编制并提交实施方案。运维服务类项目，也应针对运维服务要求编制详细的运维服务方案，包含运维服务目标、内容、工作任务拆解及服务指标、成果物提交、人员资质等内容。为整个服务期内的运维服务工作提供基准依据参照。尤其要在方案中针对运行维护过程要强调文档管理体系和计划。

解析问题 2：

未及时提交相关文档对运维实施会产生影响，小周的做法合理。渗透测试报告反映了各个信息系统中存在的高、中、低危漏洞，承建单位应该在测试结束后及时提交，使各个系统开发商能够及时了解系统状态，并根据漏洞情况及时完成整改，减少漏洞暴露的时间，保障各个信息系统的安全稳定运行，对于信息系统安全有至关重要的作用。

思考总结：项目的文档管理本质是“过程的可追溯性管理”，需通过“目标—任务—文档”三位一体的运维方案编制要求确保服务有章可循，通过文档提交的时效性管控保障安全风险及时闭环，最终实现“服务执行有记录、问题整改有证据、验收审计可追溯”的全周期管理目标，为信息系统的安全稳定运行提供文档支撑。

7.2.6 案例六：信息安全项目工程

1. 案例背景

某市政府为进一步强化自身信息系统的安全性，启动了一项信息系统安全服务项目。该项目旨在通过专业的技术手段，对已有的软硬件系统进行全面的安全升级与防护，保障政府部门日常业务的稳定运行和敏感数据的安全存储、传输。某承建单位凭借丰富的技术经验和良好的行业口碑，成功中标该项目，合同明确规定其需为已有的软硬件系统提供全方位的系统安全服务，涵盖主机加固、漏洞扫描、数据库访问控制、源代码安全监测和渗透性测试等关键领域。

考虑到安全服务项目的专业性和复杂性，业主单位特别要求监理单位指导承建单位完善项目实施过程中的各类技术文档和管理文档。

事件 1：项目启动后，监理工程师小周要求承建单位撰写安全服务方案，并作为开工申请的附件提交至监理机构审核。但由于项目安全服务合同中仅明确规定了承建单位需提供项目总结报告，因此承建单位认为其无须提供除此之外的任何文档。

问题 1： 事件 1 中承建单位的做法是否合理？若不合理，该项目需提交的承建单位文档应至少包括哪些？

2. 案例解析

解析问题 1：

承建单位的做法不合理。虽然项目合同中未要求承建单位提供除项目总结报告外的文档，但承建单位有义务提供确保项目合规、有序执行的必要文档，并需通过文档的形式对项目合同要求提供的各类安全服务工作进行过程记录，保证项目各阶段文档的完整性和准确性。

该项目承建单位需提交的文档至少包括：安全服务方案、项目进度计划、项目测试记录（包括主机加固、漏洞扫描、数据库访问控制、源代码检查和渗透性测试）、项目测试整改报告、项目总结报告等。

思考总结： 项目文档管理并非仅满足合同最低要求即可，而是基于“安全合规性、过程可追溯性、结果可验证性”的内在需求。监理机构需要求承建单位构建“方案—执行—验证—总结”的项目全周期文档体系链，并依据行业标准与审计要求，督促承建单位文档与服务同步推进，确保项目建设 / 服务经得起技术检验与审计。

7.3 项目审计中的合同及文档管理问题

问题 1： 审计单位发现已签署的合同未写明合同签署日期。

应对措施：

信息系统工程项目双方在合同签署阶段，双方确定签订日期后，一定确保双方所持合同全部签署“合同签订日期”。

问题 2： 审计单位发现承建合同中未明确项目进入试运行期的条件和试运行期的期限。

应对措施：

业主单位在签署信息系统合同时，在合同里明确系统进入试运行的条件以及试运行的时限要求，以免后续合同执行过程中双方就试运行发生扯皮现象。

问题 3： 审计单位在审查项目验收资料过程中发现，个别涉及两方或三方签字的资料中，有些存在仅签字不签署意见的情况。

应对措施：

监理机构在信息系统工程验收准备阶段，应与项目各方明确项目资料签署要求，以免出现“仅签字不签署意见”的情况。

问题 4：

审计单位发现项目文档与政府服务和数据管理局要求的信息系统项目验收备案资料不一致。

应对措施：

在开展信息系统工程监理工作时，应充分了解政务服务和数据管理局的信息系统项目备案资料要求，在准备验收档案资料过程中收集、整理、形成同时符合项目备案资料要求。

7.4 合同及文档管理相关依据文件

7.4.1 信息监理国标相关规定

1.《信息技术服务 监理 第1部分：总则》GB/T 19668.1—2014

1）第 6.3.3.3.2 条：监理规划编制的程序

（1）在签订监理合同后，总监理工程师应主持编制监理规划。

（2）监理规划完成后，应经监理单位技术负责人审批。

（3）监理规划报送业主单位签认后生效。

2）第 6.3.3.4.2 条：监理细则编制的程序

（1）监理工程师依据监理规划，编制监理细则。

（2）监理细则应经总监理工程师批准。

3）第 8.3.5 条：合同管理

实施阶段的合同管理内容如下：

（1）监理机构应监督合同执行情况，定期向业主单位提交监理报告、可抄送承建单位。

（2）监理机构宜按以下程序处理工程变更：

① 业主单位或承建单位提出的工程变更，应编制变更文件，提交总监理工程师，由总监理工程师组织审核，并由三方在工程变更单中予以签认。

② 监理机构应了解工程变更的实际情况，收集相关资料或信息。

③ 监理机构应根据实际情况，参考变更文件及其他有关资料，按照承建合同的有关条款，对工程变更范围、内容、实施难度以及变更的投资和工期做出评估，签发监理意见单，并报业主单位、承建单位。

④ 监理机构应对工程变更过程及结果做工程备忘录。监理机构应要求承建单位在变更文件签署前，不得实施工程变更。

⑤ 监理机构应根据工程变更文件监督承建单位实施。

（3）监理机构应及时协调合同纠纷，公正地调查分析，提出监理意见。

4）第 8.3.6 条：文档资料管理

实施阶段的文档资料管理内容如下：

（1）监理机构应妥善管理工程实施阶段所产生的开工令、停工令、复工令、监理工作联系单、监理通知单、监理日志和工程备忘录等资料。

（2）监理机构应对工程实施阶段三方共同参与的过程和活动做工程备忘录，并由三方确认。

（3）监理机构应监督业主单位、承建单位按照既定的要求编制和管理工程文档资料，如实施计划、实施方案、产品及服务验收报告、费用索赔申请表、工程延期申请表和工程变更单等。

5）第 8.4.4 条：合同管理

验收阶段的合同管理内容如下：

（1）监理机构应及时向业主单位、承建单位通报承建合同、协议及相关变更所规定工程内容的执行情况，提出监理意见。

（2）监理机构宜协助业主单位与承建单位签署其他补充协议。

6）第 8.4.5 条：文档资料管理

验收阶段的文档资料管理内容如下：

（1）监理机构应管理工程验收阶段的文档，如初验方案 / 计划报审表、初验报审表、初验报告、终验方案 / 计划报审表、终验报审表和终验报告等相关文档。

（2）监理机构应敦促业主单位、承建单位按照事先约定，编制、签署和保存验收阶段的工程文档。

（3）监理机构应督促业主单位、承建单位及时整理工程文档。

（4）监理机构应整理与工程有关的全部监理文档，并提交业主单位。

2.《信息技术服务 监理 第 3 部分：运行维护监理规范》GB/T 19668.3—2017

1）第 7.2.5 条：合同管理

合同管理相关的监理内容如下：

（1）监理机构应在发生合同变更或索赔事件时，促使项目各方提交变更或索赔材料，审查变更或索赔材料，做好协调工作并提出监理意见。

（2）监理机构应协调项目各方共同建立运行维护项目合同档案的归档、保存、借阅等合同管理制度，并监督其落实。

2）第 7.2.6 条：文档资料管理

文档资料管理相关内容如下：

（1）监理机构应协助供需双方建立运行维护过程的文档管理体系和管理计划。

（2）监理机构应按照运行维护服务过程中统一表格模板要求，督促各方按照表格模板编制运行维护文档。

（3）监理机构应督促项目各方对于运行维护文档资料的归档、保存、借阅等落实情况。

7.4.2 信息系统监理师教程（第 2 版）相关知识点

1. 第 13.3 节：合同索赔的处理

监理单位处理费用索赔应依据下列内容：

（1）国家有关的法律、法规和信息系统工程建设项目所在地的地方性法规，如民法典等。

（2）国家、部门和地方有关信息系统工程的标准、规范和文件。

（3）本项目的实施合同文件，包括招标投标文件、合同文本及附件等。

（4）实施合同履行过程中与索赔事件有关的凭证，包括来往文件、签证及更改通知；各种会谈纪要；实施进度计划和实际实施进度表；实施现场项目文档；产品采购等。

（5）其他相关文件，包括市场行情记录、各种会计核算资料等。

2. 第 13.4.3 节：合同争议的调解

合同争议调解程序：

按照合同要求，无论是承建单位还是业主单位，都应以书面形式向监理单位提出争议事宜，并呈一份副本给对方。监理单位接到合同争议调解要求后应进行以下工作：

（1）及时了解合同争议的全部情况，包括进行调查和取证。

（2）及时与合同争议的双方进行磋商。

（3）在项目监理单位提出调解方案后，由总监理工程师进行争议调解。

（4）当调解未能达成一致时，总监理工程师应在实施合同规定的期限内提出处理该合同争议的意见，同时对争议做出监理决定，并将监理决定书面通知业主单位和承建单位。

（5）争议事宜处理完毕，只要合同未被放弃或终止，监理工程师应要求承建单位继续精心组织实施。当调解不成时，双方可以在合同专用条款内约定以下某一种方式解决争议：

① 根据合同约定向约定的仲裁委员会申请仲裁。

② 向有管辖权的人民法院起诉。

3. 第 9.3.2 节：监理规划的编制

监理规划的编制程序具体如下：

（1）在签订监理合同后，总监理工程师应主持编制监理规划。

（2）监理规划完成后，应经监理单位技术负责人审批。

（3）监理规划报送业主单位签认后生效。

4. 第 9.4.2 节：监理实施细则的编制

监理实施细则应在相应工程实施开始前，由总监理工程师组织各专业监理工程师编制，经总监理工程师批准后方能实施。在监理工作实施过程中，监理实施细则还应根据实际情况进行补充、修改和完善，修订后的细则也需要报总监理工程师批准后实施。

5. 第 14.2.2 节：监理信息资料管理方法

1）文档管理的注意事项

（1）文档的格式应该统一。最好能够结合监理单位自身的管理信息系统和监理工程项目管理系统或规定，统一定义文档格式，这样做的好处是便于进行管理。

（2）文档版本的管理。新的版本出来后，旧的版本应该进行相应改变，同时彻底从在行的管理库中清除，以保持文档版本的统一。

（3）关于文档的存档标准。文档的存档标准是指某一类型的文档究竟应该保存多长时间，这个问题应该由监理单位根据国家档案管理相关的要求统一进行规定。

2）归集监理信息资料时的注意事项

归集监理信息资料时应注意以下事项：

（1）监理信息资料应及时整理、真实完整、分类有序。

（2）监理信息资料的管理应由总监理工程师负责，并指定专人具体实施。

（3）监理信息资料应在各阶段监理工作结束后及时整理归档。

（4）监理档案的编制及保存应按有关规定执行。

6. 第 7.4.3 节：其他

1）《招标投标法》、九部委《标准施工招标文件》相关规定

《招投标法》第四十六条规定，招标人和中标人应当自中标通知书发出之日起三十日内，按照招标文件和中标人的投标文件订立书面合同。招标人和中标人不得再行订立背离合同实质性内容的其他协议。招标文件要求中标人提交履约保证金的，中标人应当提交。

九部委《标准施工招标文件》中通用条款第 1.4 款规定，组成合同的各项文件互相解释，互为说明。除专用条款另有约定外，解释合同文件的优先顺序如下：① 合同协议书；② 接受函（中标函）或中标通知书；③ 议标期间问答式书面文件；④ 投标函及投标函附录；⑤ 合同专用条款；⑥ 合同通用条款；⑦ 技术标准和要求（工程规范）；⑧ 合同图纸（设计与施工相互制约）；⑨ 已标价工程量清单；⑩ 组成合同的其他文件。

2）《中华人民共和国民法典》相关规定

《民法典》第一百一十九条规定，依法成立的合同，对当事人具有法律约束力。

《民法典》第四百六十五条规定，依法成立的合同，受法律保护。依法成立的合同，仅对当事人具有法律约束力，但是法律另有规定的除外。

《民法典》第五百零九条规定，当事人应当按照约定全面履行自己的义务。

3）《计算机软件保护条例》《中华人民共和国著作权法》相关规定

《计算机软件保护条例》第九条规定，软件著作权属于软件开发者，本条例另有规定的除外。如无相反证明，在软件上署名的自然人、法人或者其他组织为开发者。第十一条接受他人委托开发的软件，其著作权的归属由委托人与受托人签订书面合同约定；无书面合同或者合同未作明确约定的，其著作权由受托人享有。第二十四条规定了未经软件著作权人许可，进行侵权行为的情况及相应的法律责任。具体内容如下：未经软件著作权人许可，进行以下侵权行为的，应当根据情况承担停止侵害、消除影响、赔礼道歉、赔偿损失等民事责任：复制或者部分复

制著作权人的软件的；向公众发行、出租、通过信息网络传播著作权人的软件的；故意避开或者破坏著作权人为保护其软件著作权而采取的技术措施的；故意删除或者改变软件权利管理电子信息的；转让或者许可他人行使著作权人的软件著作权的。

《中华人民共和国著作权法》第十七条规定，受委托创作的作品，著作权的归属由委托人和受托人通过合同约定。合同未作明确约定或者没有订立合同的，著作权属于受托人。

7.《建设工程监理规范》GB/T 50319—2013 相关规定

1）对分包单位资格应审核的内容

（1）分包单位的营业执照、企业资质等级证书、特殊行业施工许可证、国外（境外）企业在国内承包工程许可证。

（2）分包单位的业绩。

（3）拟分包工程的内容和范围。

（4）专职管理人员和特种作业人员的资格证、上岗证。

关于费用索赔的内容主要包括人工费、材料费、施工机械使用费、分包费用、现场管理费、利息和总部（企业）管理费：

① 人工费：包括完成合同之外的额外工作所花费的人工费用，以及因非承包商责任的工效降低所增加的人工费用。

② 材料费：涉及由于索赔事项材料实际用量超过计划用量而增加的材料费，客观原因导致的材料价格大幅度上涨，以及非承包商责任工程延期导致的材料价格上涨和超期储存费用。

③ 施工机械使用费：包括完成额外工作增加的机械使用费，非承包商责任工效降低增加的机械使用费，以及业主或监理工程师原因导致的机械停工窝工费。

④ 分包费用：指分包商的索赔费，一般也包括人工、材料、机械使用费的索赔。

⑤ 现场管理费：指承包商完成额外工程、索赔事项工作以及工期延长期间的现场管理费用，包括管理人员工资、办公、通信、交通费等。

⑥ 利息：通常在拖期付款的利息、错误扣款的利息情况下发生。

⑦ 总部（企业）管理费：主要指的是工程延期期间所增加的管理费用。

这些费用索赔内容涵盖了建设工程中可能遇到的各种情况，确保了合同当事人一方因对方不履行或未能正确履行合同或由于其他非自身因素而受到经济损失或权利损害时，能够通过合同规定的程序向对方提出经济或时间补偿要求的行为得到合理的赔偿。

2）关于新材料相关的内容

新材料验收标准应由承建单位组织专家论证。

根据《建设工程监理规范》GB/T 50319—2013，当承建单位采用新材料、新设备时，需要遵循一定的处理方式。特别是在新材料验收标准的制定上，承建单位有责任组织专家进行论证，以确保新材料的适用性和安全性。这一规定旨在确保建设工程的质量和安全，通过专家的专业知识和经验，对新材料进行科学、客观的评估，从而保证工程的质量和安全达到预定标准。

8. 国家电子政务工程建设项目档案管理暂行办法（档发［2008］3 号）相关规定

1）第二章：档案的收集与整理

电子政务项目实施机构应根据审批部门批复的实施内容，结合项目特点制定归档范围和保管期限，做好文件收集工作。文件材料的收集、整理、归档应与项目建设进程同步实施，在建设初期提出明确要求，建设过程中进行检查，单项工程验收、合同验收时同步进行档案验收。

明确各方在文件材料收集、整理、归档中的职责，在相关合同、协议中设立专门条款，涉及知识产权的也应明确相关归档材料要求。监理单位依据相关规范对承建单位、承建单位形成的文件材料进行审核并签署。实施机构归档的纸质文件应为原件或正本，且签章手续完备，同时注重各种类型、载体文件材料的收集、归档，电子文件的归档范围参照纸质文件，整理方式可从相关规范中选择一种，电子文件应符合相应原则要求。档案保管期限分为永久、30 年、10 年三种。电子政务实施机构和相关参建单位应通过管理制度和技术措施，对电子文件进行全过程管理，保证其真实、完整、有效和安全，并将采集的相关元数据一并保存。

2）第三章：档案的移交与管理

各参建单位应按规定及时向电子政务项目实施机构移交档案，实施机构负责审查验收和汇总整理，交接双方办理档案移交手续。实施机构应在项目竣工验收后 3 个月内，向业主单位或本机构的档案管理部门移交档案，需经常利用的档案可在办理移交手续后借出。中央和地方共建的电子政务项目档案实行分级管理，中央政务部门、地方政务部门分别负责归档、保存各自形成的档案。

电子政务项目实施机构应根据电子政务项目审批部门批复的实施内容，依据

《国家电子政务工程建设项目文件归档范围和保管期限表》，结合本项目特点制定归档范围和保管期限，做好文件收集工作。

3）涉及的相关条文

第十一条，电子政务项目文件材料的收集、整理、归档应与项目建设进程同步实施。实施机构在项目建设初期通过制定归档制度、业务规范、合同条款、开展培训、交底等方式，对文件的收集、整理、归档提出明确要求；在项目建设过程中，结合项目进程，对电子政务项目文件的收集、整理情况进行检查；单项工程验收、合同验收时，应同步进行档案验收。

第十二条，电子政务项目文件材料的收集、整理、归档应明确各方职责。在电子政务项目设计开发、施工、监理、设备采购、委托中介招标等合同、协议中应设立专门条款，对电子政务项目档案提交范围、整理标准、介质和套数、移交时间等方面提出具体要求并明确违约责任与罚则。涉及知识产权的招标文件、合同、协议中应明确与知识产权相关的归档材料的提交内容、深度等要求。

第十三条，监理单位依据监理职责，按照《信息化工程监理规范》（GB/T 19668—2005）、《建设工程监理规范》（GB/T 50319—2000）的要求，对承建单位、承建单位形成的文件材料进行审核并签署。

第十四条，电子政务项目实施机构归档的纸质文件应为原件或正本，且签章手续完备。同时应注重对电子文件、照片、录像等各种类型、载体文件材料的收集、归档。电子文件的归档范围参照纸质文件归档范围。

第十五条，文件材料的整理、归档可根据业主单位实际情况，从《归档文件整理规则》（DA/T 22—2000）和《国家重大建设项目文件归档要求与档案整理规范》（DA/T 28—2002）两种整理方式中选择一种，电子文件应符合《电子文件归档与管理规范》（GB/T 18894—2002）的原则要求。

第十六条，档案保管期限分为永久、30 年、10 年三种。电子政务项目档案保管期限为 30 年的对应《国家重大建设项目文件归档要求与档案整理规范》中的长期，保管期限为 10 年的对应短期。

第十七条，电子政务实施机构和相关参建单位应通过管理制度和技术措施，对电子文件的形成、积累、收集、鉴定、归档进行全过程的管理，保证电子文件的真实、完整、有效和安全。电子文件定期归档，应将所采集的相关元数据一并保存。

国家电子政务工程建设项目文件归档范围和保管期限见表 7-1。

国家电子政务工程建设项目文件归档范围和保管期限 表 7-1

序号	归档文件	保管期限
1	立项阶段文件	
1.1	项目建议书阶段	
1.1.1	项目建议书及批复文件	永久
1.2	可行性研究报告阶段	
1.2.1	可行性研究报告及批复文件	永久
1.2.2	项目调整申请及批复	30年
1.3	初步设计阶段	
1.3.1	初步设计方案和投资概算报告及批复	永久
1.3.2	项目调整申请及批复	永久
2	项目管理文件	
2.1	综合管理文件	
2.1.1	建立项目领导和实施机构文件	10年
2.1.2	项目管理计划、年度总结	10年
2.1.3	投资、进度、质量、安全、合同控制等文件	10年
2.1.4	对项目各分系统的审批、评审文件	10年
2.1.5	项目管理各项制度、办法	10年
2.1.6	调研报告、考察报告	10年
2.1.7	项目试点工作安排、总结	10年
2.1.8	项目会议文件、项目简报、汇报材料	10年
2.1.9	日常管理的请示批复、往来函件	10年
2.1.10	知识产权文件、协议、证书	30年
2.1.11	项目管理工作照片、音像	30年
2.2	招投标文件	
2.2.1	招标文件、委托招标文件	30年
2.2.2	评标文件、评分标准及打分表、评标报告、中标通知	10年
2.2.3	中标的投标文件（正本）	永久
2.2.4	未中标的投标文件	终验后2年
2.2.5	政府采购文件	10年

续表

序号	归档文件	保管期限
2.3	合同文件	
2.3.1	合同谈判纪要、合同审批文件、合同书、协议书	永久
2.3.2	合同变更、索赔等文件	永久
3	设计阶段文件	
3.1	设计开发文件	
3.1.1	需求分析文件	
3.1.1.1	需求调研计划、记录、需求分析、需求规格说明书	30年
3.1.1.2	需求评审	30年
3.1.2	设计开发文件	
3.1.2.1	设计开发计划、设计方案	10年
3.1.2.2	概要设计说明书、概要设计评审	30年
3.1.2.3	详细设计说明书、详细设计评审	30年
3.1.2.4	数据库结构设计说明书	30年
3.1.2.5	编码计划、代码编写规范	30年
3.1.2.6	模块开发卷宗	30年
3.1.2.7	施工图设计	30年
3.2	信息资源规划和数据库设计	
（3.2—3.12可参考3.1所列文件）		
3.3	应用支撑平台和应用系统设计	
3.4	网络系统设计	
3.5	数据处理和存储系统设计	
3.6	安全系统设计	
3.7	其他系统设计（终端、备份、运维等）	
3.8	机房及配套工程设计	
3.9	环保、节能设计	
3.10	消防设计	
3.11	职业安全、职业卫生设计	
3.12	标准规范建设	

续表

序号	归档文件	保管期限
4	实施阶段文件	
4.1	总体实施	
4.1.1	实施计划、方案及批复文件	30年
4.1.2	意见汇总报告	10年
4.1.3	系统集成方案、项目配置管理方案、评审报告	30年
4.1.4	源代码及说明	30年
4.1.5	设计变更报审、代码修改记录	30年
4.1.6	网络系统文件	30年
4.1.7	二次开发支持文件、接口设计说明书、程序员开发手册	30年
4.1.8	用户使用手册、系统维护手册、软件安装盘	10年
4.1.9	系统上线保障方案、应急预案、事故及问题处理文件	10年
4.1.10	测试方案、方案评审意见、测试记录、测试报告	10年
4.1.11	培训文件、教材讲义	10年
4.1.12	试运行方案、记录、报告、试运行改进报告	10年
4.1.13	合同验收文件、开发总结报告、交接清单	30年
4.1.14	项目例会、协调会纪要、备忘录	10年
4.1.15	运行管理制度	30年
4.2	信息资源规划和数据库建设	
（4.2—4.12可参考4.1所列文件）		
4.3	应用支撑平台和应用系统建设	
4.4	网络系统建设	
4.5	数据处理和存储系统建设	
4.6	安全系统建设	
4.7	其他系统建设（终端、备份、运维等）	
4.8	环保、节能建设	
4.9	消防建设	
4.10	职业安全、职业卫生建设	
4.11	机房及配套工程建设	

续表

序号	归档文件	保管期限
4.11.1	土建施工文件	
4.11.1.1	技术要求、技术交底、图纸会审纪要、开工报告	30年
4.11.1.2	施工组织设计、方案及报批文件，施工工艺文件	30年
4.11.1.3	原材料出厂证明、复验单、试验报告	30年
4.11.1.4	施工定位测量、地质勘探、土岩试验报告、桩基工程记录	永久
4.11.1.5	设计变更通知、工程更改洽商单、业务联系单、备忘录、事故处理文件	永久
4.11.1.6	隐蔽工程验收记录	永久
4.11.1.7	工程质量检查、评定、签证	永久
4.11.1.8	竣工图	永久
4.11.1.9	竣工报告、竣工验收报告	永久
4.11.1.10	施工照片、音像	30年
4.11.2	线路施工安装文件	
4.11.2.1	工程技术要求、技术交底、图纸会审纪要、开工报告	30年
4.11.2.2	施工组织设计、方案及报批文件，施工计划、技术措施文件	30年
4.11.2.3	原材料出厂证明、质量鉴定、复验单、产品交付清单、到货验收记录	30年
4.11.2.4	设计变更通知、工程更改洽商单、材料、零部件、设备代用审批手续、技术核定单、备忘录	永久
4.11.2.5	施工安装记录、质量验评、签证	永久
4.11.2.6	调试记录、测试报告	10年
4.11.2.7	竣工图	永久
4.11.2.8	竣工报告、竣工验收报告	永久
4.11.2.9	施工照片、音像	30年
4.12	标准规范建设	
4.12.1	标准建设总体方案、实施计划	10年
4.12.2	征求意见稿、汇总意见、标准规范编制过程说明	10年
4.12.3	标准送审稿、标准试行稿、专家审查意见	10年

续表

序号	归档文件	保管期限
4.12.4	标准正式文本	30年
4.12.5	标准应用试点报告、标准培训文件	10年
4.12.6	标准推广应用方案、标准实施指南	10年
5	监理文件	
5.1	监理大纲、监理规划、细则及批复	30年
5.2	资质审核、设备材料报审、复检记录	30年
5.3	需求变更确认	30年
5.4	开（停、复、返）工令	10年
5.5	施工组织设计、方案审核记录	30年
5.6	工程进度、延长工期、人员变更审核	10年
5.7	监理通知、监理建议、工作联系单、问题处理报告、协调会纪要、备忘录	10年
5.8	监理周（月）报、阶段性报告、专题报告	10年
5.9	测试方案、试运行方案审核	10年
5.10	造价变更审查、支付审批、索赔处理文件	30年
5.11	验收、交接文件、支付证书、结算审核文件	30年
5.12	监理工作总结报告	永久
5.13	监理照片、音像	30年
6	设备文件及系统软件	
6.1	选购阶段	
6.1.1	调研分析报告、技术考察报告	10年
6.1.2	设备采购请示、批复	10年
6.1.3	技术协议、谈判备忘录、设备配置方案	30年
6.1.4	授权书、软件许可协议、海关商检相关文件、原产地证明、产品质量证明、设备代理商营业执照复印件	10年
6.2	开箱验收阶段	
6.2.1	设备随机文件、装箱单、合格质量证、开箱验收记录	30年
6.2.2	设备图纸、说明书、检测报告	30年
6.3	安装调试阶段	

续表

序号	归档文件	保管期限
6.3.1	测试计划（方案）、安装测试记录、报告	10年
6.3.2	验收文件、交接清单	30年
6.4	系统升级、换版阶段	
6.4.1	升级、换版的请示与批复	30年
6.4.2	设备及软件报废的技术鉴定书、请示及批复文件	30年
6.4.3	设备及软件升级、换版的验收文件	30年
6.5	设备维修、系统维护等后期服务阶段	
6.5.1	设备维修、维护请示及批复	10年
6.5.2	设备维修、维护记录	10年
7	财务管理文件	
7.1	财务计划及执行无间、概算执行报告	10年
7.2	概算、预算、标底、合同价	30年
7.3	资金申请及批复	10年
7.4	器材、主要耗材管理	10年
7.5	决算、财务报告	永久
7.6	审计报告	永久
7.7	交付使用的固定资产、流动资产、无形资产、递延资产清册	永久
8	验收文件	
8.1	初验阶段	
8.1.1	验收工作大纲	10年
8.1.2	各单项、系统验收报告	30年
8.1.3	信息安全风险评估报告	30年
8.1.4	初步验收总报告（含工程、技术、财务、档案验收）	30年
8.1.5	初验会议文件、验收申请、验收意见书及验收委员会签字表	30年
8.1.6	整改方案及实施文件	10年
8.2	终验阶段	
8.2.1	竣工验收会议文件、验收申请、汇报材料	永久

续表

序号	归档文件	保管期限
8.2.2	竣工验收报告、验收委员会签字表	永久
8.2.3	工程专家组验收意见	永久
8.2.4	技术专家组验收意见	永久
8.2.5	财务专家组验收意见	永久
8.2.6	档案专家组验收意见	永久
8.2.7	信息安全风险评估报告	30年
8.2.8	项目建设工作总结	永久
8.2.9	项目评优报奖申报材料、批准文件及证书	30年
8.2.10	项目稽查、检查文件、项目后评价文件	永久

9.《关于加强国家电子政务工程建设项目信息安全风险评估工作的通知》(发改高技［2008］2071号)相关规定

项目业主单位应在项目建设任务完成后试运行期间，组织开展该项目的信息安全风险评估工作，并形成相关文档，该文档应作为项目验收的重要内容。

第8章 信息系统工程监理案例——安全管理

8.1 浅谈信息系统工程中的安全管理

在信息系统工程的实施过程中，安全管理是不可忽视的一个重要环节。监理机构须在项目实施过程中做好安全管理工作，关注信息安全政策与法规、风险评估与防范措施、安全技术及工具、应急响应能力等，帮助业主单位及承建单位提高安全意识，采取有效措施确保信息系统工程的可靠性和安全性。

1. 安全管理的重要性

安全管理是确保信息系统工程建设项目按期、保质完成的重要基础，有效的安全管理能够确保项目的进度、质量和投资目标达成，能够保障项目建设实施过程安全可控，建设成果符合安全标准法规。

2. 安全管理的基本思路

安全管理的基本思路是比较实际状态和安全设计方案之间的差异，并根据差距采取必要的纠偏活动，确保系统安全策略和安全技术，以及工程实施满足用户的需求，使项目向符合安全标准规范的方向推进，其目的是确保项目“安全目标”的实现，保质保量地实施。

1）数据安全

数据安全即要保障数据的机密性、完整性、不可否认性、可用性及可控性等功能特性，其中机密性保证数据不泄露给未授权的用户、实体或过程；完整性保证信息的完整和准确，防止信息被非法修改；可用性保证信息及信息系统确实为授权者所用；不可否认性保证行为人不能否认自己的行为；而可控性保证对信息的传播及内容具有控制的能力，防止为非法者所用。

2）建设施工过程安全

在项目建设施工过程中主要通过安全管理制度的建立，防止安全事故的出现。项目的安全管理制度，是安全体系的主要部分，在监理单位自身建立相关制度的同时，督促业主单位、承建单位建立配套的安全管理制度，形成完整的安全管理制度体系，从管理的角度保证工程的安全。

3. 各阶段监理机构开展安全管理的要点

1）设计阶段

设计阶段对系统安全性能有着重要的影响，包括实体安全、运行安全、信息系统安全等在内的系统本身的安全性能是在方案设计阶段确定的。

监理目标控制的基本任务是通过目标规划和计划、动态控制、组织协调、合同管理、档案管理，力求使工程设计能够达到保障工程项目的安全性。在信息系统工程设计阶段，监理机构的安全管理措施为：

从业主单位需求和系统安全整体规划的角度审核系统总体设计方案，系统安全性设计必须采用最新且较为成熟的技术以及产品，依据合同及国家相关标准规范进行安全风险评估，并提出监理建议，以使系统的安全风险降到业主单位可以承受的范围内，并促使工程完全满足国家关于网络与系统工程安全的有关法律、法规的规定。

2）实施阶段

安全管理的主要任务是通过对设备、系统软件、网管软件、应用软件、材料、系统配置、系统设置等实施全过程控制（包括检查、测试、验收等），以期系统按标准达到预期的、满足业主单位安全需求和国家相关规范的安全指标。在信息系统工程实施阶段，监理机构的安全管理措施为：

采购过程的质量控制除了要保证进场的各种物资符合设计规定的功能、性能要求外，还必须保证采购的设备具有合法的安全产品生产销售许可证、由合法供应商供应并满足相关的安全规定。国家对于不同类型的信息系统，对其安全产品的选购有明确规定，如：涉密信息系统只能采购国产自主安全设备和技术，监理机构要协助业主单位保证所采购的产品满足国家规定。承建单位应购买最新版本的正版软件产品和开发工具，并及时进行升级，所有产品必须出具合格证明。

实施过程的安全性审查：对重要数据必须采取可靠手段以保障其完整性、安全性，采用较为先进的技术来实现冗余和系统备份。安全工程实施中，配置漏洞占了安全漏洞的绝大多数，是信息系统安全运行中的最大隐患。对系统是否按照设计进行配置必须非常关注。

系统可靠性审查，组织专家评审，找出安全隐患，及时调整。

3）验收阶段

为了确保系统工程最终验收的顺利进行，有效把好安全管理的最后关口。监理机构需配合系统用户，组织制定系统的安全验收方案。首先，明确工程审查的内容，落实相关人员及时间安排。在预先制定的检查表格上统计需要整改的内容，并对承建单位工程最终验收资料的整理、编制情况进行检查。随后，召集承建单位有关人员就检查过程中发现的安全问题以及需要解决、整改的内容与承建单位交换意见，督促其制定整改计划。安全整改完成后，报监理机构再次检查。整改工作中注意各专业间的相互配合和衔接，现场监理工程师及时跟踪落实，及时解决疑难问题，并督促承建单位完成有关安全功能的测试工作。最终使系统的安全达到合同预期目标。

系统验收分为系统初步验收、系统试运行和系统最终验收三个阶段，以下从三个阶段描述监理单位的安全管理工作。

（1）系统初步验收：

监理机构在收到承建单位的初验书面申请后，检查合同履行情况、确定安全初验测试方案，并组织进行安全初验测试；听取各方的工作报告，审阅工程档案资料并实地查验系统的运行情况，对系统安全进行审查和测试。不合格的工程不予验收；对遗留问题提出具体解决意见，限期落实完成。

（2）系统试运行：

系统试运行阶段监理内容主要包括：协助承建单位观察系统运行情况，记录系统运行时的异常现象，发现安全隐患；将系统异常现象通知承建单位，并协助分析产生的原因；协助承建单位审核系统试运行期间异常情况整改方案；系统试运行监理的文档管理；在监理日志中，记录系统运行状况；提交系统试运行状态报告。

（3）系统最终验收：

收到承建单位的最终验收书面申请后，审核承建单位提交的信息系统安全工程验收大纲，检查合同履行情况、安全设备的安装配置是否达到实施方案中的技术指标和性能、系统建设期间产生的文件和技术文档是否完善、是否达到最终验收的要求。如果达到最终验收要求，参与确定最终验收测试方案，并组织最终验收测试，审查安全性能的测试结果，审阅工程档案资料实地察验系统运行情况，并对系统安全做出全面的评价和测试。不合格的工作不予验收；对遗留问题提出具体解决意见，限期落实完成。

信息系统工程安全验收由业主单位组织，承建单位参加，委托相关职能部门（如：安全评测机构）或者组织专家委员进行验收。验收工作应根据信息系统的特点，应符合国家相关法律法规及标准的要求。监理在验收阶段重点是确保各项与验收相关的文档和数据满足验收要求，并保证这些文档和数据真实反映信息系统的安全实际情况。

综上所述，信息系统工程安全管理对项目目标的顺利实现至关重要。监理机构在安全管理过程中发挥着不可或缺的作用，有效的安全管理能够确保项目的进度、质量和投资目标实现，能够保障项目建设实施过程安全可控。

8.2 安全管理案例及解析

8.2.1 案例一：系统集成及软件开发项目

1. 案例背景

2023 年春季，某市启动“智慧交通大数据平台”建设项目，该项目涵盖道路前端感知设备安装、交通数据采集回传、后台大数据分析平台搭建及配套信息安全体系建设。作为城市数字化转型的重点工程，该项目的业主单位分外重视项目的安全管理工作，在项目启动会上，业主单位项目负责人孙主任强调了项目的重要性，要求承建单位项目经理赵经理组建经验丰富的实施团队开展项目工作；要求监理机构总监理工程师陈总监带领监理团队做好项目监理工作，保证项目合法合规、保质保量地推进，维护业主权益。

事件 1： 项目开工第二周，承建单位一位新进技术员在进行城东地区监控摄像头采集数据组网传输调试时，在未配置好终端设备和确认专用网络接口的情况下，误将网线错插到附近办公楼的互联网交换机端口并试图与核心机房建立连接。3 分钟后，核心机房的网络安全态势感知系统突然弹窗：“检测到未知设备外联访问，疑似非法接入！”

监理工程师小周接到警报通知后，立即致电赵经理：“马上断开网络，所有设备先物理断网，排查接入点。”随后向陈总监和孙主任同步情况：“孙主任、陈总监，有未知设备接入内部网络，已触发安全警报，正在断网排查。”

两小时后，排查结果明确：技术员误接的 4G 路由器未备案，且未安装安全防护软件，导致态势感知系统报警。虽未造成数据泄露，但三个路口的监控设备因断网离线两小时，项目组不得不暂停施工，重新开展全网安全扫描。

孙主任在紧急协调会上严肃批评：“一个插线失误差点出大事！赵经理，你们的现场管理必须整改，后续不能再出现这种情况！小周，你们要做好监督。”

事件 2： 两个月后，大数据分析平台已进入开发阶段。某次项目监理例会中，赵经理在进行下周工作计划汇报时提出“为加快开发进度，建议将前端采集的实时交通流量数据先接入我公司自建的临时测试数据库，待测试完成后再迁移至正式生产环境。”并信心满满地表示：“这样能节省至少两周的时间，而且我们公司的数据库通过了专业认证，安全绝对有保障。”孙主任询问陈总监“陈总监，这个方案能加快项目进展，你们觉得有什么隐患吗？”

问题 1： 事件 1 中，监理机构应采取何种措施避免今后再发生类似情况？

问题 2： 事件 2 中，赵经理所提方案是否合理，陈总监应当如何回应？

2. 案例解析

解析问题 1：

事件 1 暴露出承建单位在人员岗前培训、网络接入管理、安全流程执行上的漏洞，监理机构可以从流程规范、技术防控、监督机制三方面采取措施，提出要求：

（1）强化接入审批与备案机制：要求承建单位建立网络接入审批制度，所有设备接入前需向核心节点驻场工程师提交书面申请，注明设备型号、MAC 地址、用途及接入时长，核心节点驻场工程师报业主单位网络管理员确认后方可操作；接入设备需在业主单位网络安全感知平台备案，未备案设备一律禁止接入。

（2）规范现场操作流程：督促承建单位对网络接口、设备线缆进行物理标识，并编制《现场网络操作手册》，明确“先确认端口核对标识、再测试连通、后正式接入”的三步操作法，技术员需经考核合格方可上岗。

（3）加强实时监督与应急演练：承建单位每日巡查时需核查设备接入记录与实际情况是否一致；联合业主单位定期开展网络安全应急演练（如模拟非法接入场景），提升承建单位的响应速度和处置能力，确保类似事件发生时能快速止损。

解析问题 2：

赵经理所提方案不合理，核心隐患在于违反数据安全管理规范。前端采集的实时交通流量数据涉及敏感数据，未经授权不得脱离业主单位的安全管控范围。承建单位的临时数据库虽通过认证，但未纳入业主单位的安全态势感知体系，无法监控数据流转过程，一旦发生泄露或篡改，将直接影响项目合规性及城市交通运行安全。

建议在业主单位的生产环境内划分独立的测试分区，通过防火墙隔离测试数据与核心业务数据，既满足开发测试需求，又能确保数据始终处于可控范围。虽会增加 1～2 天的环境搭建时间，但能从根本上规避风险。

陈总监除了应明确拒绝该提议并阐述原因外，还应当以监理联系单或通知单的形式书面通知承建单位提高信息安全意识，确保项目相关信息安全，必要时可结合该行业领域或业主单位信息安全的相关要求，重新对承建单位组织相关培训并监督其落实。

思考总结： 监理机构需以“全流程安全管控”为核心，一方面要求承建单位建立“事前审批、事中监督、事后追溯”的安全管理体系，将网络接入、数据使用等环节的操作规范嵌入项目管理制度；另一方面需主动履行监督职责，对关键节点进行合规性核查（如设备备案清单、数据流转记录），通过“技术＋管理”双重手段，纠正不合理提议，保障项目安全规范推进。

8.2.2 案例二：系统集成及软件开发项目

1. 案例背景

某市社会保障局启动了“民生服务大数据平台”建设项目，该项目所建平台建成后将承载全省数百万参保人员的个人身份信息、医疗记录、养老金发放等核心数据。建设合同中明确该平台部署在市级政务云平台上，网络安全等级为等保第三级，承建单位须严格依据业主单位的信息系统安全需求、策略与规范开展平台设计及建设工作，确保信息安全与信息化建设同步规划、同步实施、同步落地。

该项目经公开招标投标，确定了项目承建单位及监理单位，承建单位任命的项目经理为赵经理，监理单位组建监理机构，总监理工程师为陈总监，业主单位项目负责人为孙主任。

事件 1：项目启动后，赵经理带领项目建设团队按计划开展需求调研工作。在进行安全需求调研时，孙主任表示：“我们单位没专门的安全策略，你们参考市里的标准做，差不多就行。”

事件 2：项目进入设计阶段，承建单位召开方案评审会，赵经理汇报了系统的功能、性能、接口、数据库等设计，而在安全方面的设计却只字未提。监理工程师小周提出：“赵经理，安全设计部分怎么没提？比如数据传输用什么加密协议？不同部门的访问权限怎么划分？有没有防 SQL 注入的措施？”

赵经理解释：“只要功能满足需求，后续再补充安全措施也不迟，不影响整体进度。”

会后，承建单位提交的《系统设计方案》中，安全内容仅有一页，未包含《网络安全拓扑图》等关键内容，更无专项安全设计方案。

陈总监得知后立即约谈赵经理：“安全设计必须与功能设计同步。等保三级明确要求‘安全与信息化同步规划’，你们现在不做，后期功能固化了再改，代价是现在的 10 倍！”

赵经理仍推诿：“工期只剩 4 个月，实在抽不出人手。”

事件 3：系统开发进入尾声后，为了保障系统的安全运行，在某次监理例会上陈总监提出，建议邀请专业第三方机构对系统进行全面的安全风险评估，找出潜在漏洞，再由承建单位针对性地完成整改，最后进行等保三级测评，为系统筑牢安全防线。

经参建三方沟通讨论，孙主任和赵经理决定听取陈总监的建议，由业主单位聘请专业的第三方机构开展安全测评。

问题 1：事件 1 中，针对业主单位未能形成较为完善的信息系统安全需求、安全策略和规范的情况，监理机构应采取何种措施？

问题 2：事件 2 中，陈总监应如何应对赵经理的不作为？应该如何确保方案的可行性？

问题 3：事件 3 中，引入第三方机构开展安全测评的过程中，监理机构有哪些工作要点？

2. 案例解析

解析问题 1：

信息安全不仅是技术的问题，更是管理的问题。监理机构应建议业主单位详细调研系统的安全需求，制定详细的安全策略和操作规范，包括访问控制、数据加密、漏洞管理、数据备份以及安全测评（等保测评、密码测评）等方面的要求。

解析问题 2：

陈总监可以以监理联系单或通知单的形式书面通知承建单位设计专项的安全方案，并对系统设计方案进行审查，指出存在的问题并提出改进意见，保证安全设计与安全目标和安全需求的一致性。此外，还可以聘请行业专家和网络安全主管部门，对安全方案进行审核，并在实施过程中，对承建单位的安全实施情况进行持续监督，确保安全措施得到有效执行。

解析问题 3：

监理机构的工作要点主要有：

（1）根据项目实际情况，协助业主单位确定信息系统工程安全保护等级，要根据自主定级规范客观的给出定级建议。本项目合同中明确系统等保等级为第三级。

（2）检查第三方机构的资质情况。

（3）跟踪第三方机构的安全测试工作和整改，包括渗透测试、漏洞扫描等，验证系统的安全防护能力。

（4）督促承建单位按照整改建议进行修复，并验证整改效果。

（5）在验收阶段，通过等保测评、密码测评等手段对系统的安全性进行全面评估，确保系统满足安全要求后再批准上线。

思考总结： 在项目建设过程中监理机构需贯穿“需求—设计—实施—验收”全周期，通过源头需求的专业化梳理、设计阶段的强制合规干预、测评过程的穿透式监督，实现数据安全与业务功能的同步建设。针对第三方测评机构，监理机构需严格审核其专业资质，核实测评结果及报告合规性，守护信息安全。

8.2.3 案例三：基础设施项目

1. 案例背景

某省会城市启动“智慧城市云数据中心”建设项目，该项目作为市政府重点工程，建设内容包括：

（1）数据中心主体建筑改造（建筑面积 8500m^2）。

（2）智能化系统集成（含综合布线、安防系统等）。

（3）专业机房建设（达到国标 A 级机房标准）。

（4）大屏展示系统。

（5）配套电力系统升级。

该项目信息化基础设施建设部分包括智能化系统、机房建设和大屏展示系统，由 A 公司承建，B 公司负责监理。A 公司委派赵经理为项目经理，B 公司委派陈总监作为项目负责人，小周为现场监理工程师。鉴于数据中心大厅部分区域层高较高，需要安装大屏系统用于数据展示，涉及超过两米的高空作业，安全管理被列为监理工作的重中之重。

事件 1： 随着项目推进，承建单位开始筹备脚手架工程。按规定，脚手架搭设属于危险性较大的分部分项工程，需编制专项施工方案并经论证后，方可施工。然而，承建单位项目经理赵经理为追赶工期，在专项方案尚未完成编制的情况下，私自安排施工人员连夜开始搭设脚手架。同时，赵经理一人兼任项目经理与施工现场安全管理人员。由于身兼数职，赵经理经常顾此失彼，无法对现场安全进行有效监管。

监理工程师小周某日上午在进行现场巡检时，发现施工现场脚手架已搭起数米高，工人正在攀爬作业且现场未发现安全管理人员的踪迹。小周立即叫停施工：“立即停工！这是严重违规操作！”

随即小周叫来赵经理向其询问情况，了解到事情来龙去脉后，小周向监理机构总监理工程师陈总监和业主单位项目负责人孙主任进行了汇报，严厉指出其未履行方案审批程序、违规提前施工的问题，要求立即整改，重新编制专项方案并组织论证。

事件 2：在脚手架拆除当天，因某施工人员操作失误，随着一声巨响，部分脚手架轰然坍塌，正在拆除作业的三名施工人员从高处坠落受伤，后经送医诊断确认为轻伤。

陈总监接到小周传达的消息后第一时间奔赴现场，迅速组织人员对伤者进行紧急救援，并立即签发工程暂停令，封锁事故现场。

随后，他按照规定流程上报事故情况，但由于现场情况紧急，沟通协调耗时较长，在事故发生 2h 后才向监理单位负责人完成详细报告。

问题 1：监理机构在施工准备阶段安全监督管理工作有哪些？

问题 2：事件 1 中，监理机构的做法是否正确？

问题 3：事件 2 中，按照《生产安全事故报告和调查处理条例》，本次事故等级为几级？陈总监在本案中的做法是否有不妥之处？如有，请描述正确做法。

2. 案例解析

解析问题 1：

监理机构在施工准备阶段的安全监督管理工作应依据《信息技术服务 监理 第 1 部分：总则》GB/T 19668.1—2014 中第 8.2.2 条设计方案审查的相关规定。

施工准备阶段监理机构应审查承建单位提交的工程实施组织设计方案中的安全技术措施，审查承建单位安全生产许可证的有效性，查验承建单位生产管理人员的安全考核合格证书和特殊工种作业人员的特种作业操作资格证书，检查承建单位的安全生产规章制度，检查安全防范用具、施工工具、装备配备情况，不允许携带不合格器具到施工现场作业。

解析问题 2：

事件 1 中，监理机构的做法存在不足，正确的做法应是：

（1）监理工程师叫停现场施工。

（2）总监理工程师下发监理通知单要求整改，并在报业主单位同意后，签发停工令。本事件中，监理机构仅口头要求承建单位进行整改，此处存在不足。

（3）应要求承建单位编制专项方案并论证通过后再进行该项施工。

（4）应要求承建单位安排专职的安全生产管理人员。本事件中，监理机构未对此事提出监理要求，此处存在不足。

此外，监理机构审查专项施工方案时，应依据《信息技术服务 监理 第 1 部分：总 则》GB/T 19668.1—2014 中第 8.2.2 条设计方案审查的相关规定进行审核。要求承建单位在编制专项施工方案后，附具安全验算结果，经承建单位技术负责人、总监理工程师签字后方可安排实施。

解析问题 3：

按照《生产安全事故报告和调查处理条例》，事件 2 的事故等级为一般事故。在事故发生后应立即向监理单位负责人报告，总监理工程师的不妥之处在于在事故发生 2h 后才向监理单位负责人报告。

思考总结：在信息化基础设施项目实施过程中，施工安全是保障项目如期推进的前提，是避免人员伤亡和财产损失的底线，是监理单位必须关注的重点。施工安全贯穿于开槽布线、脚手架搭建、大屏系统安装、机房设备安装、监控安装等全流程，任何环节的安全疏漏（如高空作业未系安全带、电气施工违规操作）都可能导致工期延误、人员受伤，甚至为建成后的系统埋下安全隐患（如线路短路引发火灾）。在基础设施项目施工安全管控方面，需树立“安全第一、零容忍”的管理理念，尤其对于违反强制性标准的行为，必须果断采取停工、报告、整改、复验的闭环管理措施，克服重质量轻安全的惯性思维，将安全隐患消除在萌芽状态，与施工方共同筑牢安全防线。

8.2.4 案例四：运行维护项目

1. 案例背景

某学校的视频监控运维项目，运维服务范围为视频监控系统的后端设备、前端设备和显示设备。其中后端设备包括交换机、硬盘录像机、主机、显示器、不间断电源等，前端设备包括球型摄像机、枪式摄像机等，显示设备包括电视墙、显示器等。运维单位项目经理为赵经理，运维监理单位总监理工程师为陈总监。

在运维合同中明确要求承建单位对关键设备进行实时监测，在系统发生故障时迅速反应，定位异常发生的位置和可能的原因，以便快速响应和处置。

考虑到监控视频中涉及学校师生隐私、校园活动等敏感信息，业主单位与承建单位签署了详尽的安全保密协议。协议中规定，所有运维人员须通过严格的背景审查，进入园区时需全程佩戴专属工牌，且作业过程必须在园方安保人员监督下进行；严禁任何形式的视频数据拷贝、传播行为，设备维修、数据迁移等操作均需登记备案，一旦违反将面临高额违约金及法律追责。

事件1：某日，承建单位的运维工程师小刘如往常一样来到幼儿园监控机房巡检。巡检过程中，他突然发现2号硬盘录像机的运行状态图标变成了红色，系统弹出"设备运行异常"的警报。

凭借多年的运维经验，小刘经过一番仔细的现场检查，初步判断故障原因是设备主板出现了故障，而现场的工具无法完成维修，于是小刘计划用备件进行替换并将旧设备进行返厂维修。

在向参建各方汇报上述情况并取得批准后，小刘从应急备件库中取出了新的硬盘录像机进行了替换安装，将故障设备直接打包送往厂家维修。

监理机构总监理工程师陈总监得知小刘在未拆除故障设备存储硬盘的前提下就将其送检维修，立即向承建单位下发了监理通知单。

事件2：某日，陈总监来到幼儿园进行日常监理巡检，他对照项目开工报审文件中的运维人员名单，逐一核对现场人员身份。陈总监发现，运维人员名单中的运维工程师小刘并未到岗，取而代之的是一名自称小郭的人员。

陈总监立即叫停了小郭的运维工作，并叫来了承建单位的项目经理赵经理向其询问详情。赵经理向陈总监解释："小刘身体不适，为确保能正常开展今日的运维工作，我们临时委派小郭替代小刘前往现场开展工作。由于事出突然，还没来得及办理手续。"

问题1：事件1中，陈总监是否应该出具监理通知单？通知单中应包括哪些内容？

问题2：事件2中，陈总监叫停小郭现场工作的行为是否合理？请说明理由。

问题3：针对事件2的情况，陈总监应有何建议？

2. 案例解析

解析问题1：

陈总监应该出具监理通知单。硬盘录像机作为一种多功能的视频录像设备，提供了图像及语音长时间录像、录音、远程监视和控制的功能。事件1中发生故障的硬盘录像机内存储了大量的幼儿园视频监控数据，承建单位在未拆除故障设备存储硬盘的前提下就将其返厂维修，存在视频监控数据泄露的重大安全隐患。

监理通知单中应包含以下内容：

（1）要求承建单位立即至厂家取回该硬盘录像机，确认设备数据完整性，并与厂家签署数据保密协议，避免设备中的数据外泄。

（2）要求承建单位完善项目故障处理流程，充分考虑设备安全及数据安全，对项目的实时检测、故障监控、故障预警、故障定位、故障隔离和故障修复等内容进行完善，并加强各项操作的审批环节，落实项目职责。

（3）要求承建单位完善项目安全管理制度，包括运维人员岗位工作职责，运维工作操作规程，运维安全检查制度，人员安全教育及培训制度等内容。

（4）要求承建单位做好运维方案及安全管理制度宣贯工作，加强运维安全教育，建议每月组织一次。

解析问题 2:

陈总监的要求合理。在业主单位与承建单位签订项目运维合同时便明确了相关安全保密要求，双方就此事还签订了安全保密协议。安全保密协议是有效保护业主单位信息安全的手段，也是有效规范承建单位在信息安全方面的服务要求。视频监控系统存储的监控视频影像资料作为敏感数据，非承建单位团队成员参与到项目实施，对项目信息的保密性将产生极大风险。

解析问题 3:

根据上述情况，陈总监应建议业主单位与承建单位的运维团队成员签署个人安全保密协议，在发生人员变更时承建单位须及时告知，由业主单位和变更后的运维人员重新签署保密协议。承建单位需提高信息安全意识，遵守安全保密协议。

陈总监还应要求承建单位履行运维方案中安全保密管理的相关内容要求，包括运行维护安全规划、运行维护安全管理教育、安全操作规范、安全制度、安全措施、应急方案等，同时陈总监可建议业主单位针对承建单位的安全管理方案落实情况制定相关指标，如是否完成人员保密教育、是否执行安全操作规范、发生应急事件时是否按照相关流程按时上报等指标，完善项目 SLA。

思考总结：运维系统一旦涉及敏感信息或商业秘密等，监理机构需重点关注可能发生的数据泄露问题，要求运维服务商不可忽视“数据安全”，要制定相应安全工作方案，通过物理隔离措施防止设备维修中的数据外流、严格人员资质管控避免非授权接触、构建制度与技术结合的双重防护网，实现从人员准入到故障处理的全流程安全闭环，确保系统在保障安全的前提下稳定运行。

8.2.5 案例五：信息安全项目

1. 案例背景

某市政府为提升政务信息系统的安全防护能力，启动了“政务信息系统安全加固项目”，项目的主要内容包括安全设备的采购、部署以及信息安全加固服务。项目涉及的核心系统存储了大量敏感政务数据，因此对信息安全的要求极高。

经公开招标投标，该项目由 A 公司作为承建单位负责实施，B 公司作为监理单位进行全过程监理。在项目实施过程中，出现以下事件。

事件 1： A 公司根据项目需求编制了《项目安全实施方案》，该方案涉及网络安全架构设计、安全设备配置策略、网络拓扑、数据加密方案等核心内容。为确保方案的科学性和可行性，业主单位、监理机构和承建单位三方经讨论后，决定组织专家评审会对方案进行评审。

在进行安全实施方案专家评审会细节讨论时，监理机构总监理工程师陈总监提出："方案中涉及政务系统的敏感信息和安全策略细节，参会专家需签署安全保密协议，明确保密义务及违约责任。"业主单位项目负责人孙主任皱眉："专家评审属于技术咨询行为，签署保密协议会增加参会门槛，可能影响评审的客观性和专家参与的积极性。"

问题 1： 陈总监的提议是否有必要？

问题 2： 监理机构应从哪些方面加强安全管理工作并提出管理建议？

2. 案例解析

解析问题 1：

陈总监的提议有必要。

根据《数据安全法》《网络安全法》等法规，涉及敏感信息的项目需对参与方设定保密义务，专家作为临时参与项目评审的第三方，同样需遵守保密要求。

专家评审过程中可能接触到系统架构、安全策略等关键信息，签署保密协议是履行法律义务的必要手段。该项目中的政务信息系统涉及敏感数据，安全实施方案包含网络安全架构设计、安全设备配置策略、网络拓扑、数据加密方案等关键内容，若泄露可能导致重大安全风险。因此，要求专家签署保密协议可降低信息外泄的可能性。

此外，保密协议也能明确专家的保密责任和违约后果，既保护业主单位权益，也提醒专家审慎对待涉密信息，避免因疏忽导致敏感信息泄露。

解析问题 2：

监理机构应从以下几个方面加强安全管理工作：

（1）针对该项目特点制定在安全管理方面有针对性的监理规划。

（2）监理机构应配备具有安全管理经验和专业技能的人员。

（3）监理机构需对承建单位采取的安全措施执行情况进行监督，并定期开展项目安全检查，通过定期的安全检查，发现潜在的安全风险并采取措施予以纠正。

（4）建议业主单位定期组织安全培训和宣传活动，提高项目参建各方的安全意识和技能。

（5）建议业主单位适当组织应急响应和安全事故处理演练。

思考总结：涉及敏感数据的项目，监理机构需以“法律合规为底线、技术防控为手段、流程闭环为保障”，通过敏感场景的保密机制刚性执行、安全管理的系统化落地，实现从方案评审到实施运维的全周期风险管控，从“规划—人员—措施—培训—应急”五维强化安全管理，确保政务信息系统在加固过程中数据不泄露、安全无漏洞，切实守护信息资产安全。

8.3　项目审计中的安全管理问题

问题 1：审计单位提出项目缺少应急预案及应急演练未落实情况。

应对措施：

业主单位应根据单位特点、行业要求和项目内容制定《应急预案》，进行风险识别和评估，以及突发事件的应急方案等内容，应急预案通过内部审批，保障项目建设实施过程的安全可控。并按照应急预案进行应急演练，总结经验教训，明确应对流程和职责任务。

问题 2：审计单位提出承建单位与业主单位未签订相关保密协议。

应对措施：

如果项目建设涉及敏感信息、商业秘密等，建议在合同签订阶段，同步完成承建单位与业主单位之间、承建单位与项目组成员之间的保密协议签订工作，协议可作为正式合同的附件。注重项目建设实施过程和成果的保密性。

8.4　安全管理相关依据文件

8.4.1　信息监理国标相关规定

1.《信息技术服务 监理 第 1 部分：总则》GB/T 19668.1—2014

1）第 6.1.3.2 条：承建合同

监理机构应参与承建合同的签订，协助业主单位对承建合同的如下内容进行检查，并提出监理意见：

（1）信息安全相关建设内容和技术要求应与投标文件一致。

（2）保密条款，安全风险控制和安全责任条款。

（3）项目验收和安全测评的标准、方法及文档交付。

（4）工程变更和扩展引发安全问题的处理方法。

2）第 8.2.2 条：设计方案的审查

设计方案的审查工作如下：

承建单位提交工程设计方案 / 计划报审表后，监理机构应审核如下内容：

（1）与项目需求的符合性。

（2）工程关键技术的实现方法、流程及技术保障措施的合理性。

（3）工程实施的质量保证措施的可行性、合理性及其文档的完整性。

（4）其他必要的内容。

3）第 8.3.2 条：质量控制

监理机构可参照以下程序处理工程中出现的质量事故：

（1）监理机构应要求承建单位在事故发生后立即采取措施，尽可能控制其影响范围，并及时签发停工令，报业主单位。

（2）监理机构应在接到事故申报后立即组织有关人员检查事故状况、分析原因，与业主单位和承建单位共同确认初步处理意见。

（3）监理机构应监督承建单位采取措施，查清事故原因，审核承建单位提出的事故解决方案及预防措施，提出监理意见，提交业主单位签认。

（4）监理机构应审核承建单位报送的事故报告及复工申请，条件具备时，经总监理工程师签发复工令。

2.《信息技术服务 监理 第 3 部分：运行维护监理规范》GB/T 19668.3—2017

安全控制（第 7.2.4 条）相关的监理内容如下：

（1）监理机构应协助需方根据系统的可用性、保密性、完整性及可维护性等方面，评审安全保障方案，避免因其技术及管理方面冲突。

（2）监理机构应协助需方进行运行维护安全规划。

（3）监理机构应督促供方建立安全操作规范，严格执行安全操作规范，检查供方是否存在安全隐患行为，并进行安全绩效考核。

（4）监理机构应督促供方进行运行维护安全教育。

3.《信息技术服务 监理 第 4 部分：信息安全监理规范》GB/T 19668.4—2017

全篇。

4.《信息技术服务 监理 第 6 部分：数据中心工程监理规范》GB/T 19668.6—2019

数据中心工程的信息系统软硬件的监理内容（第 8.2 节）:

安全检测，采用专业检测设备，对数据中心应用系统进行漏洞扫描，及时发现漏洞并采取补救措施。

8.4.2 信息系统监理师教程（第 2 版）相关知识点

1）第 21.4.2 条：监理内容

在安全监督管理方面要做到以下几点：

（1）施工准备阶段，审查承建单位提交的实施组织设计方案中的安全技术措施。

（2）审查承建单位安全生产许可证的有效性。

（3）查验承建单位生产管理人员的安全考核合格证书。

（4）查验特殊工种作业人员的特种作业操作资格证书。

（5）检查承建单位的安全生产规章制度。

（6）检查安全防范用具、施工工具、装备配备情况，不允许带不合格器具到施工现场作业。

2）第 10.6.3 条：实施阶段监理质量控制

出现质量事故时，及时按照质量事故处理程序进行处置。

若发现工程实施过程存在重大质量隐患，应及时向承建单位签发停工令，并报业主单位，监督承建单位进行整改。整改完毕后，及时处理承建单位的复工申请。

3）第 25.3.4 条：安全控制

安全控制活动及内容具体如下：

（1）协助业主单位根据系统的可用性、保密性、完整性及可维护性等方面，评审安全运行保障方案，避免引起技术及管理方面的冲突。

（2）协助业主单位进行运行维护安全规划。主要包括：

① 人员安全管理。

② 物理与环境保护。

③ 输入输出控制。

④ 突发事件应急计划。

⑤ 数据完整性与有效性。

⑥ 文档安全管理。

⑦ 安全教育与培训。

（3）督促运维服务提供方提高安全意识，建立安全操作规范，严格执行安全操作规范，检查运维服务提供方是否存在安全隐患行为，并进行安全绩效考核。安全操作规范主要包括：

① 运行维护操作环境出入管理制度。

② 运行维护工作操作规程。

③ 运行维护升级、维护制度。

④ 运行维护工作人员人事管理制度。

⑤ 运行维护安全检查制度。

⑥ 运行维护应急制度。

⑦ 运行维护信息资料管理制度。

⑧ 运行维护工作人员安全教育、培训制度。

⑨ 运行维护工作人员任职、休假制度。

（4）督促运行维护服务商进行信息系统运维安全管理教育。主要包括：

① 运行维护相关法律法规教育。

② 运行维护安全基础知识教育。

③ 运行维护职业道德教育。

8.4.3 其他

1.《国家政务信息化建设项目管理办法》（国办发〔2019〕57 号）

第二十五条：国家政务信息化项目建成后半年内，项目业主单位应当按照国家有关规定申请审批部门组织验收，提交验收申请报告时应当一并附上项目建设总结、财务报告、审计报告、安全风险评估报告（包括涉密信息系统安全保密测评报告或者非涉密信息系统网络安全等级保护测评报告等）、密码应用安全性评估报告等材料。

2.《网络安全等级保护测评机构管理办法》

第三章测评机构和测评人员管理，第十六条：测评机构应当指定专人管理测评专用章，制定管理规范，不得滥用。出具等级测评报告时，测评机构应加盖等级测评专用章。未加盖专用章的报告，视为无效。

3.《信息安全技术网络安全等级保护实施指南》GB/T 25058—2019

第 5 章等级保护对象定级与备案，第 5.1 节定级与备案阶段的工作流程：等级保护对象定级阶段的目标是运营、使用单位按照国家有关管理规范和定级标准，确定等级保护对象及其安全保护等级，并经过专家评审。运营、使用单位有主管部门的，应经主管部门审核、批准，并报公安机关备案审查。

4.《信息安全技术网络安全等级保护定级指南》GB/T 22240—2020

第 4.4 节定级流程：等级保护对象定级工作的一般流程如图 8-1 所示。

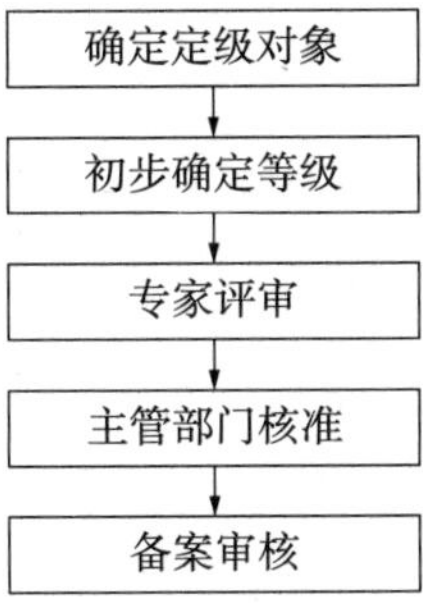

图 8-1　等级保护对象定级工作一般流程

安全保护等级初步确定为第二级及以上的等级保护对象，其网络运营者依据本标准组织进行专家评审、主管部门核准和备案审核，最终确定其安全保护等级。

注：安全保护等级初步确定为第一级的等级保护对象，其网络运营者可依据本标准自行确定最终安全保护等级，可不进行专家评审、主管部门核准和备案审核。

第9章 信息系统工程监理案例——沟通协调

9.1 浅谈信息系统工程中的沟通协调

沟通协调在信息系统工程监理中扮演着关键角色，它直接关系到项目能否顺利完成。

1. 沟通协调的重要性

首先，有效的沟通协调能够确保信息的准确传递。在项目中，不同成员、团队之间需要共享如进度安排、任务要求等各类信息，有效的沟通协调可以避免因信息误差而导致的误解和工作失误。

其次，有效的沟通协调有利于提高工作效率。通过良好的沟通协调，项目干系人能清楚各自的职责，明确工作重点，避免工作重复或冲突，从而使得项目可以更高效地推进。

再次，有效的沟通协调能够及时发现问题，尽早解决。项目执行过程中难免会遇到困难和冲突，沟通协调可以让问题被及时发现并通过各方协商来解决，避免问题扩大化，影响项目进度和质量。

最后，有效的沟通协调有助于提升项目中人员的凝聚力。项目各方在沟通协调过程中能更好地理解各方的目标，建立良好的合作关系，让项目团队更加团结协作，更有利于项目的顺利完成。

2. 沟通协调基本思路

（1）明确沟通目标。在项目沟通前，要清楚自己想要达成什么目的，比如是要传达任务变更，还是要解决团队冲突等。根据目标来确定沟通的方式、内容和对象。

（2）了解沟通对象。要考虑对方的角色、职责、知识背景和利益关注点。对于技术人员，沟通可能要侧重技术细节；对于管理层，可能更关注项目进度和成本等关键指标。

（3）选择沟通方式。根据沟通的内容和对象，选择合适的方式，例如对于紧急重要的事情可以采用面对面会议沟通，对于简单的信息通知可以使用邮件或者即时通信工具，会议可以形成会议纪要，主要问题可以形成备忘录等。

（4）制定沟通计划。包括沟通的时间、频率、参与人员等。定期的项目进度沟通会议可以让团队成员清楚项目的整体情况。

（5）积极倾听和反馈。沟通中要认真倾听他人意见，并且及时给予反馈，确保信息得到准确理解，这有助于解决误解和冲突。

3. 监理机构开展沟通协调的要点

1）项目准备阶段

此阶段，监理机构应与业主单位进行沟通，把握业主单位对于项目目标、范围、建设周期等关键指标的要求，可以通过会议详细记录业主单位对系统功能需求。监理机构应与承建单位进行沟通，了解其项目计划、人员安排和技术方案。监理机构应建立沟通机制，包括根据项目进度要求，确定监理例会的时间（单周、双周）、沟通的渠道（如工作群、邮件组），沟通接口人等。

2）项目设计阶段

协调业主单位和承建单位，确保设计方案能满足业主单位的功能需求。如果业主单位提出新的功能要求，及时沟通承建单位进行设计调整。可通过召开沟通协调会，提醒各方重新梳理设计文档，保证文档的准确性和完整性，方便后续的施工和验收；与相关的行业专家沟通，对设计方案进行评审，召开设计方案评审会，为项目设计把好质量关。除此之外，沟通及会议完成后，根据内容的重要程度，可形成备忘录、监理联系单等书面沟通材料，确保设计工作顺利进行。

3）项目实施阶段

定期沟通项目进度，使业主单位清楚项目是否按计划进行。如出现进度偏差，要沟通各方分析原因，协商解决措施。协调承建单位之间的关系（如果有多个承建单位参与），避免出现工作衔接不畅的问题，如协商系统集成和软件开发单位之间的接口配合。对项目质量问题进行沟通协调，及时要求承建单位整改，并且向业主单位汇报整改情况。

4）项目验收阶段

沟通各方准备验收文档，确保文档符合验收要求。协调业主单位和承建单位完成系统测试，记录测试结果和问题，沟通解决测试中出现的问题。组织验收会议，在会议上清晰地沟通验收流程和结果，对于验收未通过的部分，协调双方确定整改计划和再次验收的时间。

在信息系统监理工作中，沟通协调至关重要。它贯穿项目的各个阶段，直接影响项目的进度、质量与成本。通过良好的沟通确保了项目目标一致，提高了工作效率，及时解决了项目冲突，保障了工程质量，同时也增强各方协作关系。

9.2 沟通协调案例及解析

9.2.1 案例一：系统集成及软件开发项目

1. 案例背景

某市政务大数据平台建设项目合同内容包括四个子系统的软件开发工作、软硬件采购及总集成，涉及 A、B、C 三家承建单位共同参与建设，D 公司作为监理单位需进行全过程监理。各公司具体职责及项目负责人如表 9-1 所示。

各公司具体职责及项目负责人　　表 9-1

公司名称	角色定位	负责内容	项目经理／总监理工程师
A 公司	系统总集成单位	(1) 三个子系统的开发 (2) 硬件采购 (3) 系统总集成	赵经理
B 公司	可视化子系统的开发单位	可视化子系统的开发	李经理
C 公司	基础设施提供单位	(1) 专线部署 (2) 网络环境搭建	吴经理
D 公司	监理单位	项目全过程监理	陈总监

由于 A、B、C 三家公司的工作存在前后制约关系（如 B 公司开发的可视化子系统依赖 A 公司所开发的某子系统的接口，C 公司的专线部署需与 A 公司的硬件部署同步），项目协调难度较大，业主单位项目负责人孙主任要求监理机构做好项目监理工作，确保各方协同推进。项目执行过程中发生了以下事件：

事件 1： 项目启动会后，陈总监牵头积极制定了一套沟通协调制度，其中包括周例会制度、周报及月报报告制度等，并组建了微信沟通群，将其作为日常沟通的主要渠道。在后续工作中，A、B、C 三家公司按照制度要求，通过例会、周／月报分别汇报项目进展。同时，监理机构严格遵循业主单位要求，每次例会结束后，都会及时将《会议纪要》发送至微信群中，以便各方随时查阅。

事件 2： 第 5 次周例会上，A 公司参会人员由王工换成了新入职的张工。

孙主任询问：“上周会上要求你们整改的服务器散热问题，进度怎么样？”

张工面露难色：“我刚接手，不太清楚上周的安排……”

陈总监皱眉：“你们这是第三次换人参会了。上次李工承诺本周提交硬件测试报告，现在张工不清楚，这会怎么开?”

A 公司项目经理赵经理远程连线解释:“最近项目太忙，人员调配紧张，会后我马上同步张工。”

但后续例会中，类似问题反复出现: 新参会人员对“跨部门接口适配要求”“资源增补计划”等前序决议一无所知，导致每次例会需花费大量时间回顾过往，严重拖延决策效率。

事件 3: 项目启动会后，A、B、C 三家公司分别向陈总监提交了各自编制的项目进度计划。陈总监对照三份建设合同中要求的项目工期节点，对这些计划进行了细致的审核，确保每份计划均符合其建设合同的要求。

在与各公司确认无误后，陈总监将三份工作计划提交给了业主单位项目负责人孙主任，并明确表示其符合合同要求。随后，孙主任与陈总监便连同对应的承建单位，对各份项目进度计划逐一进行了三方签字确认。

事件 4: 项目进入需求调研阶段后，B 公司的李经理带领需求团队正式开展了可视化子系统的需求调研工作，对业主单位的 5 个用户部门进行了多轮调研，并对调研内容进行了详细记录。基于这些记录，B 公司编制了《需求规格说明书》，并根据《需求规格说明书》进行了系统设计，随后将《需求规格说明书》及系统设计文档交付给了公司开发部门进行开发。

开发完成后，李经理向孙主任及 5 个用户部门进行了成果汇报与系统展示，李经理认为其团队所建的可视化子系统完全符合用户需求，但用户部门却指出 B 公司所开发的内容与用户最初提出的需求存在较大偏差，并且在汇报会上提出了一些新的需求。

事件 5: 随着项目推进，由于 B 公司工作进展缓慢，项目面临延期风险。陈总监多次通过电话、微信提醒李经理提交《工程延期申请》，强调了该文件的重要性，并明确向其告知了相关申请与审批流程以及对应要求，但李经理始终不予提交。

事件 6: 经过一段时间的建设实施，按照业主单位与 B 公司签订的建设合同约定，以及参建三方在项目启动之初签署的项目进度计划要求，10d 后需完成初步验收。然而，目前 B 公司所负责建设的可视化子系统仅完成约 90% 的建设内容。

虽然项目建设尚未全部完成，但为贯彻执行领导关于按期开展试运行工作的决策部署，孙主任仍坚持按原计划推进初步验收工作。

问题 1：事件 1 中，陈总监在沟通协调方式上还有哪些需要改进的？

问题 2：事件 2 中，针对以上情况，监理机构应如何做好沟通协调工作？

问题 3：事件 3 中，陈总监是否需要开展沟通协调工作？

问题 4：事件 4 中，监理机构能提出哪些沟通协调的建议？

问题 5：事件 5 中，陈总监在沟通协调方式上存在哪些不足？

问题 6：事件 6 中，监理机构在初步验收阶段有哪些沟通协调工作？

2. 案例解析

解析问题 1：

除了定期的例会、报告制度外，陈总监还应该建立不定期的专题会制度、不定期的专题报告制度，根据项目情况，按需对专题问题进行讨论和解决。此外，为方便后续沟通，还应建立项目参建三方的通讯录。

此外，项目重点沟通记录需进行留痕，《会议纪要》等文件应通过邮箱发送至各单位接口人，并由项目参建三方进行内容确认。

解析问题 2：

针对事件 2 中出现情况，陈总监应在以下方面做好沟通协调工作：

（1）规范会议管理制度，明确要求 A 公司指定项目经理赵经理作为固定参会代表，如遇特殊情况需提前履行请假手续。

（2）赵经理需对上次会议的会议决议进行落实，监理机构及时沟通、跟进，下次例会时需对上次例会会议决议执行情况进行反馈。

（3）赵经理作为项目经理应了解项目整体情况及进展，必要时涉及的相关技术人员也需参会。

解析问题 3：

陈总监需要开展沟通协调工作。由于 A、B、C 三家公司负责的工作存在前后制约关系，陈总监应组织三家公司及业主单位召开沟通会，共同对三家的进度计划进行分析和评估，确保前置工作的完成时间不影响后置工作的开始时间。

解析问题 4：

监理机构应建议承建单位在每次调研后形成需求调研记录，并与业主单位进行确认，如有问题及时修改；在形成《需求规格说明书》后，也需要提交业主单位进行确认，双方签署《需求确认书》，对《需求规格说明书》中的内容进行确认。

如出现需求调整或变更，监理机构应协调业主单位和承建单位对工程变更的范围、内容、影响等进行分析、评估，达成一致意见，履行相关变更手续。

解析问题 5：

在多次口头提醒 B 公司未果后，陈总监应通过正式的沟通渠道，如签发《监理联系单》《监理通知单》等，正式向承建单位 B 公司指明目前存在的问题，要求 B 公司予以重视并进行回复。

《监理联系单》《监理通知单》应同时抄送业主单位。

解析问题 6：

监理机构在初步验收阶段应协调业主单位和承建单位 B 公司在验收计划、验收目标、验收范围、验收内容、验收方法和验收标准等方面达成一致。针对非主体工程部分在初步验收前未完成的内容，需填报工程备忘录，确认初验遗留工作的具体内容，并明确其在试运行期间完成，遗留工作完成后方可组织竣工验收，三方签字确认。

思考总结：多承建单位协同项目的监理本质是"跨组织协同的流程化再造"，需通过构建标准化沟通机制、强化跨任务依赖管理、实施需求与变更的全周期闭环，将参建各方的独立工作纳入统一的协同框架，确保实现"进度同步、接口兼容、质量可控"的建设目标。

9.2.2 案例二：信息安全项目

1. 案例背景

某大型企业因业务规模持续扩张，数据资产日益庞大，网络攻击事件频发，数据泄露风险持续存在，原有安全防护体系已难以满足需求。为加强网络安全防护，提升数据保护能力，企业斥资启动信息安全升级项目，合同工期 8 个月。项目采购内容丰富，不仅涵盖防病毒软件、防火墙、入侵检测系统等核心安全软件，还包括安全咨询、安全评估、安全培训等专业安全服务，旨在构建一套集防护、监测、管理、培训于一体的综合性安全体系。

该项目作为综合性信息安全建设项目，涵盖多层次、多维度的安全体系建设内容。在安全实施层面，主要包括基础安全软件部署、入侵监测系统搭建、身份鉴别与访问控制策略制定、安全审计体系构建等核心工作；在专业服务层面，则包含安全咨询、安全评估、安全测评等多项技术服务。同时，为加强项目全过程管控，该项目引入了专业的监理单位，对项目实施质量、进度、投资等方面进行全方位监理。

事件 1：为充分发挥不同单位的专业优势，确保项目高质量实施，经科学规划将项目划分为三个专业标段，并由三家单位分别中标。其中 A 单位作为基础安全建设主体，负责安全产品的选型采购、系统部署实施及项目管理工作；B 单位作为安全服务提供商，主要负责安全咨询与培训等专业服务工作；C 单位作为具有 CNAS 认证的专业机构，重点开展安全评估服务。

事件 2：项目启动两周后，业主单位项目负责人孙主任在首次方案评审会上对承建单位提交的《安全服务实施方案》提出质疑："安全服务内容存在诸多模糊之处，如安全咨询的具体服务方式、安全评估的范围和标准、安全培训的对象与课程设置等表述笼统。同时，方案中的安全服务规划与业主单位的实际业务流程结合不紧密，无法有效保障核心业务系统的安全运行。赵经理，你们得在监理机构总监理工程师陈总监的指导下，重新明确并完善项目安全服务方案。"

问题 1：事件 1 中，针对参建单位众多的情况，监理机构组织协调的工作重点内容包括哪些？

问题 2：事件 2 中，陈总监应主要从哪些方面指导承建单位完成项目安全服务方案？

2. 案例解析

解析问题 1：

监理机构组织协调的工作重点内容包括：

（1）做好参建单位之间的组织协调。监理机构应协助业主单位处理 3 个承建单位的配合关系，处理各种与本项目有关的纠纷事宜。围绕解决项目启动、实施进度、工程质量、支付、合同索赔、竣工验收和工程结算等一系列目标与环节上的工作落实和协同配合问题。在做好上述单位组织协调的同时，还应做好监理单位内部协调，履行监理合同义务。

（2）做好质量、投资、进度和安全四大工作目标之间技术协调。监理机构组织协调工作的中心任务就是对项目的质量、投资、进度和安全四项目标进行严密的、科学的、有效的控制，这四大工作目标之间既存在着内在和必然的联系，又共同服务于统一的项目建设总目标。因此监理机构组织协调工作重点应面向项目质量、投资、进度和安全进行统一运作和协调。

解析问题 2：

陈总监应结合合同要求及业主单位需求，指导承建单位从以下几个方面编制项目安全服务方案。

1）制定安全规划

（1）制定安全计划：制定详细的安全计划，明确安全目标、责任分配、安全标准和流程。同时需结合业主单位内部管理制度，分析出各重点部门的安全责任范围。

（2）进行安全需求分析：明确项目的安全需求，包括数据保护、访问控制、网络安全等，针对需求制定出相应的安全策略。

2）落实风险管理

结合业主单位内部管理制度，明确定期进行信息系统安全风险扫描方案和信息安全设备使用规则，为业主单位规划信息安全风险扫描结果的处置方案。先对识别出的风险进行评估，确定风险的严重性和可能性，然后针对不同等级的风险制定不同的应对措施和处置方案。

3）加强项目组内部安全培训

定期在项目组内部进行安全培训，提高全员对信息安全问题的认识和应对能力，提升全员安全意识。模拟信息安全应急事件，承建单位组织业主单位进行模拟攻防演习，训练项目组人员的应急响应能力，锻炼项目组人员能够在发生安全事件时迅速处理。

4）定期提交安全服务报告

根据项目合同规定，承建单位将上述安全服务工作专项总结为安全服务报告，定期提交至业主单位。

思考总结：对于多家单位共同参建的项目，监理机构需兼顾多参建方协同与专业服务落地，构建跨单位的“关系梳理—目标统一—冲突化解”协调体系，确保各单位建设/服务内容形成闭环；通过需求与业务的深度结合以及风险的全流程管理，推动项目实施方案从“纸面规划”转化为“实战能力”。

9.2.3 案例三：运行维护项目

1. 案例背景

某大型集团下辖 10 家子公司，分布于不同城市，每个子公司都拥有独立的办公地址，且各自构建了复杂的信息化系统，涵盖办公自动化系统、财务核算系统、客户关系管理系统等核心业务系统，同时配备了服务器、交换机、存储设备等大量信息化设备设施。随着业务规模不断扩大，各信息系统承载的数据量与日俱增，系统运行稳定性面临巨大挑战，频繁出现网络故障、数据传输延迟、系统崩溃等问题，严重影响集团整体运营效率。

为保障集团各个信息系统的稳定运行，业主单位通过公开招标的方式，启动了为期 1 年的运行维护项目，并在招标文件中明确要求，承建单位需提供 13 名驻场运维服务人员，其中集团总公司派驻 3 名，其余 10 家子公司各安排 1 名，所有运维人员需具备丰富的网络管理、系统维护、数据安全等专业技能，以满足不同子公司多样化的运维需求。

经公开招标投标，A 公司顺利中标成为该运维项目的承建单位，B 单位作为监理单位负责项目的全过程监理工作。

事件 1：合同签订后，业主单位项目负责人孙主任组织监理单位和承建单位召开了项目启动会。

为确保项目参建三方之间能够保持持续、顺畅的沟通，启动会上，监理机构总监理工程师陈总监特别强调了建立规范化运维例会制度的必要性，建议采用“监理例会 + 不定期专题讨论会”的双层会议机制，保障项目顺利推进。

事件 2：项目启动后，承建单位正式开展了运维服务工作。由于业户单位集团总部与 10 家子公司之间存在着运维需求差异，各子公司信息化水平参差不齐，不同驻场运维工程师之间的能力也有高低之分，陈总监所带领的项目监理机构面临复杂的沟通协调工作，特别是当遇到跨子公司、跨区域的技术问题时，协调难度更大，这对监理机构的组织协调能力提出了严峻考验。

事件 3：随着一年服务期接近尾声，项目即将开展运维服务评估和验收工作。此次评估和验收不仅关系到承建单位的服务质量认定，也对业主单位后续的信息化建设和运维策略调整具有重要参考意义。孙主任要求陈总监协助其组织运维服务评估和验收工作，为集团的信息化建设把好最后一道关。

问题 1：事件 1 中，陈总监应如何高效的召开项目例会？

问题 2：事件 2 中，项目运维服务期内，请简述监理机构协调工作的要点。

问题 3：事件 3 中，陈总监在运行维护服务评估及验收阶段的工作内容有哪些？

2. 案例解析

解析问题 1：

陈总监应做到：

（1）制定明确的项目监理例会制度，明确会议频率。

（2）明确监理例会的会议目标和期望结果。

（3）提前发布会议通知。

（4）提前向参会人员发放会议资料。

（5）明确每次监理例会的会议议题及流程。

（6）做好会议后勤保障。

（7）做好会议总结、会议结论提炼。

（8）做好会议纪要并发送给参建各方进行内容确认。

解析问题 2：

监理机构的协调工作要点如下：

（1）建立运行维护管理组织架构、工作协调组织结构。

（2）建立监理机构与业主单位、承建单位之间的协调关系和信息传递机制，包括信息沟通、汇报、审批等流程。

（3）定期召开运行维护工作监理例会，并形成会议纪要。

（4）如需要，应召开运行维护工作专题会，并形成会议纪要。

解析问题 3：

陈总监在运行维护服务评估及验收阶段的工作内容主要有：

（1）对承建单位提交的服务验收申请、计划及其方案等进行审核。

（2）根据绩效考核办法和方案进行绩效考核，对运行维护服务进行评估，形成运行维护服务评估报告。

（3）协助业主单位完成服务验收。

思考总结：多地点运维项目的监理需解决“地域分散性、需求差异性、服务持续性”三大挑战，应建立“分层响应 + 资源联动”机制，通过例会机制确保信息同步，依托“流程标准化 + 内容差异化”的扁平化协调架构实现跨区域问题的快速响应和处置，同时以数据驱动的验收评估为支撑，保障服务质量的达标，最终实现整个运维管理的闭环，为信息化系统稳定运行提供保障。

9.2.4　案例四：基础设施项目

1. 案例背景

某单位为满足日益增长的数据存储与处理需求，启动了一项大型数据中心建设工程。该工程核心部分是面积达 2200m^2 的机房基础设施建设，承载着单位未来数年的业务数据核心处理任务，对安全性、稳定性要求极高。

A 公司凭借丰富的工程经验与专业资质，成功中标成为机房工程总承包单位，负责机房墙顶地处理、强弱电工程等关键环节的施工。B 公司则作为 A 公司的分包单位，承担本项目气体灭火工程的实施，其任务直接关系到数据中心在遭遇火灾等突发状况时的安全防护能力。项目监理工作委托给信息系统工程专业监理单位 C 公司，对项目实施全过程、全方位的监督管理。

事件 1： 在项目实施初期，监理工程师小周在仔细研读施工图纸时，发现基础工程部分的设计内容存在严重问题，明显不符合国家强制性标准，于是他立即将此情况上报给了监理机构总监理工程师陈总监。陈总监核实后随即致函设计单位要求修改，并提出了具体的整改建议。

设计单位研究后，向陈总监致电同意了该更改方案。陈总监在得到设计单位的口头同意后，便将更改的内容写入了监理通知单，并下发给承建单位及时执行。

事件 2： 随着项目推进，某日，小周在施工现场进行日常巡检时发现，A、B 两家承建单位均未严格按照审批通过的施工方案进行施工。施工现场混乱的操作流程，以及不合规的施工工艺，都暴露出严重的工程质量与安全事故隐患。

陈总监得知此事后，迅速分别向 A、B 两家承建单位下发监理工作联系单，明确指出问题所在，并要求两家单位立即整改。

A、B 两家承建单位在接收到监理工作联系单后，及时开展了整改工作。但经陈总监复查，整改后的施工情况仍未达到合格标准，于是陈总监再次向两家承建单位签发了监理工作联系单，要求继续整改。

事件 3： 项目进入验收阶段后，经过多轮沟通与协商，陈总监协调业主单位和两家承建单位就验收计划达成了一致，为项目收尾创造了良好条件。

问题 1： 事件 1 中，陈总监的行为有哪些不妥之处，他应如何正确处理？

问题 2： 事件 2 中，陈总监分别向 A、B 两家承建单位发出监理工作联系单是否正确？请说明理由。

问题 3： 事件 2 中，在 A、B 两家承建单位整改未达标的情况下，陈总监再次签发监理工作联系单的做法是否正确？请说明理由。

问题 4： 陈总监在验收阶段的协调工作内容是否全面？如不全面，还包含什么协调内容？

2. 案例解析

解析问题 1：

陈总监的做法有以下不妥之处：

（1）陈总监直接致函设计单位不妥。正确做法是在发现问题后，及时向业主单位报告，由业主单位向设计单位提出更改要求。

（2）陈总监变更程序处理不妥，不符合《信息技术服务 监理 第1部分：总则》GB/T 19668.1—2014中的工程变更处理程序。陈总监在向业主单位汇报发现的问题后，应由业主单位向设计单位提出更改要求。若最终决定变更设计方案，则由变更发起方提出工程变更，编制变更文件，履行变更流程。在变更文件经参建三方签署确认前，不得实施工程变更。

解析问题2：

陈总监向A单位发出监理工作联系单正确，但不应向B单位发出。A单位属于总承包单位，业主单位与A单位之间存在合同关系，陈总监的指令发送至总承包单位属于合理行为。但B单位是分包单位，B单位和业主单位没有合同关系，陈总监的所有指令仅应针对A单位。

解析问题3：

陈总监的做法不正确。出现工程质量问题时，经确认后监理机构可通过监理工作联系单的方式与承建单位沟通，要求对问题整改，如承建单位整改仍不合格，监理机构应签发监理通知单，报业主单位、承建单位，责令承建单位整改，并跟踪落实。

解析问题4：

陈总监在验收阶段的协调工作内容并不全面，在验收阶段监理机构需开展的协调内容如下：

（1）协调业主单位和承建单位在验收计划、验收目标、验收范围、验收内容、验收方法和验收标准等方面达成一致，填报工程备忘录，并经三方签认。

（2）协调业主单位配合验收阶段的工作。

（3）及时对验收阶段协调的结果填报工程备忘录，并经三方签认。

（4）协助业主单位和承建单位完成工程移交工作。

思考总结：监理机构需以“程序合规性、合同相对性、质量刚性化”作为项目监理的核心原则，在发生项目变更时，监理机构需注意变更发起主体的法定性，避免越权操作导致程序无效。对于存在分包的项目，监理机构要明确总分包关系的间接管控策略，避免直接向无合同关系的分包单位发指令。在承建单位项目建设出现问题时，监理机构需启动“联系单→通知单→停工令”的阶梯式管控处置形式，逐步、有针对性地采取监理措施。验收阶段需协调各方开展“验收标准的共识构建、遗留问题的闭环管理、工程移交的手续完善”等三大核心工作，确保项目顺利完成。

9.3 相关规定

9.3.1 信息监理国标相关规定

1.《信息技术服务 监理 第1部分：总则》GB/T 19668.1—2014

1）第8.3.7条：协调

实施阶段的协调内容如下：

（1）监理机构应与业主单位、承建单位共同建立实施阶段协调的机制，如监理例会、专题会议等。

（2）监理工程师应根据需要及时组织专题会议，解决工程实施过程中的各种专项问题，并做会议纪要，提交业主单位和承建单位。

（3）监理机构应协调业主单位和承建单位对工程变更的范围和内容等，达成一致意见。

（4）监理机构应协调业主单位和承建单位对索赔的意见达成一致。

（5）监理机构应协调业主单位配合承建单位的工程实施。

2）第8.4.6条：协调

验收阶段的协调内容如下：

（1）监理机构应协调业主单位和承建单位在验收计划、验收目标、验收范围、验收内容、验收方法和验收标准等方面达成一致，填报工程备忘录，并经三方签认。

（2）监理机构应协调业主单位配合验收阶段的工作。

（3）监理机构应及时对验收阶段协调的结果填报工程备忘录，并经三方签认。

（4）监理机构应协助业主单位和承建单位完成工程移交工作。

2.《信息技术服务 监理 第3部分：运行维护监理规范》GB/T 19668.3—2017

实施阶段协调的监理要点如下（第7.3.10条）：

（1）应建立运行维护管理组织架构、工作协调组织结构。

（2）应建立监理机构与需方、供方之间的协调关系和信息传递机制，包括信息沟通、汇报、审批等流程。

（3）应定期召开运行维护工作监理例会，并形成会议纪要。

（4）如需要，应召开运行维护工作监理专题会，并形成会议纪要。

9.3.2 信息系统监理师教程（第2版）相关知识点

1. 第15.3节：监理组织协调工作

监理组织协调工作的目标是使项目各方充分协作，有效地执行承建合同。组织协调的监理方法主要有监理会议、监理报告和沟通协调。

只有进行有效的组织协调，项目组内各子系统、各专业、各项资源以及时间、空间等方面才能实现有机的配合，确保项目成为一体化运行的整体。

项目监理例会的主要议题：

（1）检查和通报项目进度计划完成情况，确定下一阶段进度目标，研究承建单位人力、设备投入情况和实现目标的措施。

（2）通报项目实施质量的检查情况和技术规范实施情况等，针对存在的质量问题提出改进措施要求。

（3）检查上次会议议定事项的落实情况，检查未完成事项并分析原因。

（4）分包单位的管理和协调问题。

（5）项目款支付的核定及财务支付中的有关问题。

（6）接收和审查承建单位提交的相关项目文档。

（7）监理提交相关监理文档。

（8）解决项目变更的相关事宜。

（9）违约、工期、费用索赔的意向及处理情况。

（10）解决需要协调的其他有关事项。

2. 第15.3.2节：监理报告

监理通知与回复：在监理实施过程中，监理单位与业主单位的联系均以书面函件为准。在不做出紧急监理时可能导致人身、设备或项目事故的情况下，可以先口头或电话通知，事后在约定时间内补做书面通知。以监理联系单、监理通知单、监理回复或批复的形式让信息在业主单位、监理单位与承建单位之间，在各单位内部人员之间流动，协调大家的思想与行动，以保证项目的总目标得以实现。要使这一形式有效地发挥作用，监理通知与回复应做到：

（1）简洁，即只包含受众需要了解的观点。

（2）完整，即要包含受众需要了解的全部观点。

（3）结构化，即必须以一定的结构形式，把要传递的观点清晰地传递给受众。

9.3.3 其他

《建设工程质量管理条例》第二十八条规定：施工单位必须按照工程设计图纸和施工技术标准施工，不得擅自修改工程设计，不得偷工减料。施工单位在施工过程中发现设计文件和图纸有差错的，应当及时提出意见和建议。

第10章 信息系统工程监理实践与策略

10.1 信息系统工程监理的常用技术与工具

在数字化转型加速推进的当下，信息系统工程监理作为保障项目按计划、高质量落地的关键环节，肩负着对项目进度、质量、成本、安全等多维度的综合管控职责。随着信息系统项目的复杂度持续攀升，监理工作的开展不仅需要扎实的专业技术能力和深厚的项目实践经验作为支撑，更离不开技术赋能与高效工具的协同加持，方能从容应对日益复杂的挑战。

10.1.1 信息系统工程监理的常用技术

信息系统工程监理涉及的主要技术包括检查、旁站、抽查和测试。这些技术用于现场验证与确认监理工作要点，加强项目风险防范。监理工程师需要利用知识库和案例库对项目进行风险分析与管理，并依据相关技术、管理及服务标准审核或编制项目文档资料。

1. 检查

检查是信息系统工程监理中最基础也是最常用的技术之一，主要目的是确保信息系统工程的各个组成部分和阶段成果符合预定的质量标准和要求。通过检查，监理工程师可以及时发现问题和缺陷，从而采取相应的措施进行纠正，避免问题扩大化，确保项目按质量标准和计划顺利进行。检查技术可以分为设计检查、施工检查、设备检查等类型。检查的方法包括文档审查、现场检查、设备测试等。

（1）文件审查：主要工作内容涉及对项目文档的形式和内容进行全面审核，包括确保文档格式规范、完整，检查文档是否符合规定的格式要求，是否加盖了必要的印章，装订是否规范，页码编排是否正确，文档版面是否整洁，字体是否清晰等。同时，还要审核文档内容的符合性、安全性、逻辑性、一致性和合规性，确保文档内容与合同要求相符，设计方案符合国家和行业标准，文档之间逻辑一致，且满足验收规范。此外，还需审核包括需求规格说明书、设计文档、测试报告、试运行计划和报告、交付验收文档等在内的关键项目文档，并在审核过程中提出监理审核意见，监督项目实施方根据这些意见进行必要的修改，以及协助服务使用方组织文档评审，确保文档得到充分确认，从而保障信息系统工程的质量和可溯源性。

（2）现场检查：主要工作内容是确保项目实施的各个阶段符合预定的质量、进度和安全标准。这包括对施工现场的环境、设备安装、布线、系统配置、数据迁移、软件部署等进行详细的检查，以验证是否遵循了设计文档和合同要求。监理工程师需要检查项目实施团队是否遵守了相关的操作规程和安全标准，确保所有施工活动都在规定的时间内完成，并且达到预期的性能指标。现场检查还包括对项目团队成员的资质和培训情况进行核实，以及对项目中使用的材料和设备的质量进行检查，确保它们符合规定的标准。通过这些综合性的现场检查活动，可以及时发现并解决项目实施过程中的问题，以保障信息系统工程的成功交付和长期稳定运行。

（3）设备测试：主要工作内容包括对设备性能进行验证，确保设备满足技术规格书和合同要求；监督设备的安装和配置过程，确保按照设计规范和安全标准进行；执行或监督设备的功能性测试，包括硬件兼容性测试、性能测试、稳定性测试和安全性测试，以验证设备在实际运行中的表现；检查测试文档和测试报告，确保测试结果的准确性和完整性；协调解决测试过程中发现的问题，确保问题得到及时纠正。通过这些具体的测试工作，信息系统监理确保设备在交付使用前达到预期的功能和性能标准，为信息系统的顺利运行打下坚实的基础。

2. 旁站

旁站是指监理工程师在项目实施过程中，现场监督实施活动，确保实施质量、进度和安全。通过旁站及时发现和纠正施工中的问题，避免施工质量问题和安全事故的发生。项目监理机构应按照监理规划中的旁站方案安排监理工程师对需旁站的部位和工序实施旁站，旁站中发现问题应要求施工单位及时整改，旁站人员应及时填写并签署《旁站记录》。需注意的是，在建设工程领域，项目监理机构的旁站不能代替承建单位的质量控制工作，不减少承建单位对其施工质量的管理责任，施工单位项目经理是施工质量的第一责任人。

旁站比较适合设备开箱检验、综合布线、网络基础设施建设、机房建设等类型项目的现场质量控制，施工过程中的隐蔽工程检查，是监理旁站工作的重点。现场旁站要求监理工程师要具有扎实的专业知识和现场管理能力，对现场施工有细致的观察力、极强的安全意识和责任心，能够在总监理工程师的指导下，对现场施工质量、进度、安全等方面进行有力管控，并及时报告相关问题。

监理旁站记录是监理工程师在工程项目施工过程中，对关键部位、关键工序的施工质量实施全过程现场监督检查时，所形成的书面记录文件。它是监理工作的重要原始资料，也是保障工程质量、追溯施工过程的重要依据。

旁站记录必须做到：

（1）记录内容要真实、准确、及时。

（2）对旁站的关键部位或关键工序，应按照时间或工序形成完整的记录。

（3）记录表内容填写要完整，需要由旁站人员和实施单位质检人员签字。

（4）记录表内实施过程情况指所旁站的关键部位和关键工序实施情况，例如人员上岗情况、材料使用情况、实施技术和操作情况、执行实施方案和强制性标准情况等。

（5）完成的工程量应写清准确的数值，以便为投资控制提供依据。

（6）监理旁站情况主要记录旁站人员、时间、旁站监理内容、实施质量检查情况、评述意见等将发现的问题做好记录，并提出处理意见。

（7）质量管理体系运行情况主要记述旁站过程中承建单位质量管理体系的管理人员是否到位，是否按事先的要求对关键部位或关键工序进行检查，是否对不符合操作要求的实施人员进行督促，是否对出现的问题进行纠正。

（8）若工程项目停工，应写清停工原因及承建单位的处理措施。总监理工程师或专业监理工程师通过对旁站记录的审阅，可以从中掌握关键过程或关键工序的有关情况，针对出现的问题分析原因，制定措施，保证关键过程或关键工序质量。

监理工程师应对旁站记录进行定期整理，并报业主单位审阅。一份好的旁站记录不仅可以使业主单位掌握工程动态，还可以使业主单位了解监理工作，同时监理工程师也可从中听取业主单位的意见，及时改进监理工作，提高服务质量。

3. 抽检和抽查

在信息系统工程监理领域，“抽检”和“抽查”都是常用的监理技术手段。它们虽然都涉及“随机选取部分对象进行检查”，但两者在适用场景、操作逻辑和侧重点上存在一定区别。

抽检全称“抽样检验”，主要是用于判断被抽检样本整体质量，常与具体的检验标准（如国标、行标）绑定。在信息系统工程建设项目中，主要针对大量品牌、型号和参数相同的计算机设备、网络设备、软件产品以及其他外围设备的到货验收检查。监理工程师按项目参建各方事先约定的样本选取规则并进行现场检验，通常依据明确的抽检方案，对选取的样本进行现场检验，通过质量合格率推断整体质量是否达标。

抽查是一种动态的、不定期的监督方式，多用于过程监督，主要适用于对项目建设过程“程序性、规范性”的检查，如施工工序的合规性、人员资质的有效性、资料的完整性等。检查方式可灵活多样（如现场观察、资料查阅等），侧重点在于“监督是否符合规定”。检查时间有可能是随时的，例如监理工程师对部分经常发生质量问题的施工环节随时抽查。

监理过程中常见的抽检和抽查场景包括：

（1）到货验收的抽检。一般用于大量设备到货情况，通常按照项目参建方事先约定的抽检方案，开展抽检工作。例如：单次到货数十台乃至上百台相同型号、相同参数规格的设备，这时就需要对产品进行抽检。抽检时，要有详细的记录，明确被检设备的数量及序列号，在验收过程中，要详细查验设备的品牌、型号、参数、功能、产地、数量、外观及相关质量证明材料。而对于不同品牌、不同参数规格或少量设备到货的情况，监理单位应逐台逐项检查。

（2）软件开发的抽查。监理工程师根据软件开发进展情况，可以采用抽查的方式检查开发文档的编写情况、用户培训开展情况、系统测试执行情况，以及完成的代码是否符合基本的开发规范等。软件开发的抽查也常常与监理现场督导相结合，在软件开发或用户测试的关键时期，针对软件问题的解决和优化，监理工程师可以采用抽查和现场督导方式到开发现场进行监督。

4. 测试

测试是指监理工程师对信息系统工程的各个组成部分进行测试，以验证其功能和性能。通过测试及时发现和纠正问题和缺陷，确保信息系统工程的质量。

监理单位的测试是为了检查和确认工程质量，在测试过程中，监理工程师应关注以下内容：

1）测试依据

测试依据根据不同的测试阶段和测试对象有所不同，主要包括：

（1）合同及实施方案。

（2）需求规格说明书。

（3）概要设计、详细设计。

（4）施工图设计。

（5）行业和团体标准。

（6）国家标准。

2）监督承建单位的测试工作

监理工程师应监督评审承建单位的测试计划、测试方案、测试实施以及测试结果，主要包括以下内容：

（1）督促承建单位建立项目测试体系，成立独立的测试小组。

（2）督促承建单位制订功能和性能全覆盖的测试计划，从项目需求分析阶段开始，直到项目结束，要进行不间断地测试，并且随着项目进展，还要制订分系统的测试计划和详细测试方案。

（3）对测试方案和测试计划进行审核，对承建单位选择的测试工具的有效性进行确认。

（4）对测试结果的正确性进行审查。

（5）对测试问题改进过程进行跟踪。

3）深度参与测试重要环节

对重要环节，监理单位要深度参与测试，主要包括以下内容：

（1）现场抽查测试。当现场监理工程师发现质量疑点时，要进行现场抽查测试。例如对于综合布线阶段，监理工程师除了在隐蔽工程实施过程中要旁站外，还要通过网络测试仪对布线质量进行抽测，以便能够分析网络综合布线的效果，有效保证网络综合布线的质量。另外，对于设备到货也要进行现场抽检。

（2）对于软件开发项目，监理要对重要的功能、性能、安全性等进行模拟测试，判断阶段性开发成果是否满足质量要求，并且作为进度控制和成本控制的依据。

4）检查第三方测试情况

在重要的里程碑阶段或验收阶段，往往要聘请专业的第三方测试机构对项目进行全面或专项测试。在此期间，监理单位的主要工作包括：

（1）协助业主单位选择第三方测试机构，通常会审查第三方测试机构的资质、测试业绩以及承担该项目的测试工程师情况。

（2）对第三方测试机构提交的测试计划进行确认。

（3）协调承建单位、业主单位以及第三方测试机构的工作关系，并为第三方测试机构的工作提供必要的帮助。

（4）协助业主单位对测试结果的规范性、全面性进行审核。

10.1.2 信息系统工程监理的常用工具

监理工具如同监理工程师的“左膀右臂”，是保障项目规范推进、高效落实的核心辅助手段。它们贯穿于项目全生命周期，从最初的规划设计，到中期的实施和测试，再到后期的运维保障，全方位助力监理工程师精准把控项目细节，提升工作效率与质量。以下将对信息系统工程监理涉及的主要工具进行系统且详细的阐述。

（1）项目管理工具整合了规划、组织、指导与控制项目的全维度功能。包括项目计划制定、任务分配、进度跟踪、资源管理、风险管理、成本控制和沟通协调等。项目管理工具可以帮助监理工程师全面管理和监控项目，确保项目按时按质完成。例如，使用甘特图或关键路径法（CPM）来规划项目进度，使用工程监理项目管理系统实现互联管理，使用风险矩阵来识别和评估项目风险，使用成本估算工具来控制项目成本。

（2）问题跟踪工具是监理工程师用于记录、跟踪和管理项目中出现的问题和缺陷的工具。这些工具支持多维度的问题跟踪，允许监理工程师实时掌握项目中存在的问题，并追踪问题的整改过程。问题跟踪工具通常包括问题登记、问题分类、问题状态跟踪、问题报告和问题统计等功能。通过问题跟踪工具，监理工程师可以确保所有问题都能得到及时和有效的处理，避免因问题积压而导致的项目延误或成本超支。

（3）测量工具是监理工程师在现场用于进行物理测量的工具，包括卷尺、测量尺和测量仪器等。这些工具用于测量线段长度和提供准确的水平和角度测量结果，确保施工质量符合设计要求。测量工具在信息系统工程监理中尤为重要，因为它们直接关系到工程的精确度和质量。

检测仪器是监理工程师用于评估信息系统工程中各个组成部分的质量和性能的工具。这些仪器包括接地电阻测试仪，绝缘电阻测试仪、万用表、网络测试仪、照度测试仪、温湿度测试仪、分贝仪和电能质量分析仪等。通过这些仪器的精准检测，监理工程师能够及时发现潜在的质量隐患，将事故风险与经济损失降至最低。

安全设备是监理工程师用于确保项目现场安全的工具，包括安全帽、安全鞋、口罩、防护眼镜等个人防护设备，以及紧急救生绳、灭火器和照明设备等应对紧急情况的设备。这些设备的规范使用，可以保护现场工作人员免受伤害，确保项目现场的安全。

（4）监理管理软件为工程项目的监理工作提供了一套标准化、系统化的管理工具。这些软件的主要作用包括提高管理效率与透明度、强化质量控制、风险管理与控制、合同与成本管理、资源与人力资源管理以及决策支持。监理管理软件的使用可以规范监理工作，提高监理工作的效率。

在选择与使用监理工具时，需紧密结合项目的规模、复杂度、技术要求等具体情况以及监理工程师的实际工作需求，进行针对性选型，以提高监理工作的效率和质量。

监理工具的有效使用需要监理工程师具备一定的专业知识和技能。监理工程师需要对各种工具的功能和使用方法有深入的了解，才能在实际工作中灵活运用这些工具，提高监理工作的效率和质量。同时，监理工程师还需要具备一定的分析和判断能力，能够根据项目的实际进展和问题，选择合适的工具和方法，制定合理的监理策略和措施。

监理工具的管理和维护也是监理工程师的重要职责。监理工程师需要定期对工具进行检查和维护，确保工具的正常运行和使用。同时，监理工程师还需要对工具的使用情况进行记录和分析，以便及时发现和解决工具使用中的问题，提高工具的使用效率和效果。

综上所述，信息系统工程监理工具是监理工程师完成监理任务的重要辅助手段。监理工程师需要根据项目的具体情况和实际需求，选择合适的工具，提高监理工作的效率和质量。同时，监理工程师还需要不断学习和掌握新的工具和技术，以适应信息系统工程监理的发展和变化。通过有效的工具应用，监理工程师可以更好地控制信息系统工程的质量、进度和成本，确保项目的成功实施。

10.2 信息系统工程监理的质量控制与风险管理

在信息系统监理领域，质量控制和风险管理是两个密不可分的核心环节。融合风险管理思路于质量控制之中，能够构建一个更全面且高效的项目监管框架。信息系统监理的质量控制和风险管理融合，意味着在质量控制的过程中，不仅要关注产品或服务的质量标准，还要识别、评估和控制可能影响质量的潜在风险。这种融合策略要求监理工程师在项目规划、执行、监控和收尾的各个阶段，都要考虑到风险因素，并采取相应的预防和应对措施。

1. 项目规划阶段

监理工程师需要与承建单位合作，识别项目可能面临的风险，并制定相应（包括技术风险、市场风险、法律风险）的应对策略。同时，应确保项目的质量目标与组织的战略目标一致，并制定详细的质量保证计划，明确质量标准和验收标准。

可以利用项目管理软件，来帮助制定项目计划、任务分配和进度跟踪，提供决策支持。

2. 项目执行阶段

在项目执行阶段，监理工程师需要监督承建单位按照既定的质量保证计划和风险管理计划执行项目。这包括确保承建单位遵循行业最佳实践，使用合适的工具和技术，以及定期进行质量检查和风险评估，确保每个阶段的输出都达到预定的质量标准。此外，可以利用数据库管理知识和软件测试技能，监督数据库设计的可行性，确保数据的完整性、安全性和高效性。

3. 项目监控阶段

在项目监控阶段，监理工程师需要密切关注项目进度和质量表现，及时发现偏差，并采取纠正措施。这包括监控项目的关键绩效指标（KPIs），如进度、成本和质量指标，以及监控项目的风险状况，确保风险应对措施得到有效执行。监理工程师还应定期与承建单位沟通，确保项目目标和质量标准得到理解和遵守。

4. 项目收尾阶段

在项目收尾阶段，监理工程师需要确保所有项目活动都已按照既定的质量标准和风险管理计划完成。这包括对项目成果进行最终的质量审查，确保所有缺陷都已修复，以及对项目的风险管理过程进行评估，总结经验教训，为未来的项目提供参考。

在实践中，信息系统监理的质量控制和风险管理融合可以通过以下几个方面实现：

（1）风险识别与质量目标设定：在项目开始时，监理工程师应与承建单位一起识别潜在风险，并根据这些风险设定合理的质量目标。

（2）风险评估与质量控制：在项目执行过程中，监理工程师应定期评估项目风险，并根据风险评估结果调整质量控制措施。

（3）风险应对与质量改进：监理工程师应根据风险应对计划，指导项目团队采取相应的质量改进措施，以降低风险对项目质量的影响。

（4）风险沟通与质量报告：监理工程师应定期向项目相关方报告项目风险状况和质量表现，确保所有相关方对项目的风险和质量状况有清晰的认识。

（5）风险回顾与质量审计：在项目结束时，监理工程师应回顾整个项目的风险管理过程，并进行质量审计，以评估项目的质量表现和风险管理效果。

通过这种融合风险管理和质量管理，信息系统监理可以更有效地控制项目风险，提高项目质量，确保项目的成功交付。这种融合策略不仅有助于提高项目的成功率，还能增强组织的竞争力和市场地位。

10.3 信息系统工程监理的沟通与协调策略

监理组织协调工作的目标是使项目各方充分协作，有效地推动项目顺利执行。组织协调的监理方法主要有监理会议、监理联系单、监理通知单、监理报告等。只有进行有效的组织协调，项目组内各子系统、各专业、各项资源以及时间、空间等方面才能实现有机的配合，确保项目成为一体化运行的整体。

1. 监理例会

监理例会是把项目相关干系人团结在一起的重要机制。会议不仅可以使项目建设有关信息全方位地畅通与流转，而且提供了某种程度上的社会联系，它有助于提醒出席会议的人认识到“每一个人都是项目团队的一员”。

1）会议成功的因素

会议成功的关键因素本质上是通过科学的组织逻辑让会议产生实际价值，具体可聚焦于全员有效参与、议程精准聚焦、过程高效紧凑及成果落地保障四个核心维度。

确保全员到场并非简单的“人数齐全”，而是要让与会议议题紧密相关的关键人员都能深度参与。为此，需将会议纳入相关人员的固定日程，提前明确会议的核心价值与参会必要性，避免无关人员列席造成资源浪费。同时，可通过会前同步议题摘要、明确参会者需提前准备的内容等方式，提升参会人员的投入度，让“到场”真正转化为“有效参与”。

议程设计需遵循“少而精”的原则，以最低必要数量的议题聚焦会议核心目标。每个议题都应明确讨论目的（如决策、信息同步、问题解决）、预期成果及时间分配，确保参会者能快速掌握最重要事件的最新进展、核心议题的关键信息及待解决问题的背景。

控制会议时长是维持参会者注意力、提升效率的关键。冗长且无实质内容的会议不仅会消耗团队精力，还会削弱参会者对会议的重视程度，甚至导致决策效率低下。因此，若临时发现无实质讨论议题，应果断取消会议，避免“为开会而开会”的形式主义。

领导与会的核心价值在于推动会议成果的落地。领导的参与不仅能为关键议题提供决策方向、协调跨部门资源，更能通过明确责任主体、设定执行时限等方式，强化会议结论的权威性与执行力。在项目协调会上，领导对资源分配的确认能确保后续执行无障碍，从根本上避免“会议有结论、落地无下文”的困境。

2）会议成功的措施

召集或主持会议可以采取多种措施以确保会议有效，包括以下具体的措施：

（1）会前的准备措施。具体包括：

① 确定会议目的。该会议是为了交流信息、计划、收集情况或意见、制定决策、说服或宣扬、解决问题，还是为了评估项目进展情况。

② 确定谁需要参加会议，说明会议目的。参加会议的人数应是能达到会议目的的最少人数。

③ 事先将会议议程表分发给参加会议者。议程表包括会议目的、包含的主题（应按重要性大小列出）。

（2）会议过程把握的原则。具体如下：

① 准时开始会议。

② 指定记录员详细记录，方便以后查阅。

③ 准确把控会议的目的，执行会议和议程。

④ 确保会议效率。应保证会议在计划时间内顺利进行。

⑤ 会议要达成预期结果或形成会议决议。会议结束时总结会议成果，并确保所有参加者对所有决策和行动项目有一个清楚的了解。

⑥ 尽量不要超过会议原定的计划时间。与会者可能有其他约会或者其他系列会议。如果没有讲完所有议程，最好让涉及这些细目的人另开一个会议。

⑦ 评价会议进程。会议结束时，应评价会议进程，公开讨论发生了什么，并决定是否做些调整，以提高以后会议的有效性。

（3）会议结果的落实原则。具体如下：

① 在会后 24h 之内形成会议纪要，适时公布会议成果。

② 会议决议及总结文件应简洁明确，既要清晰呈现最终决策意见，也要逐项列出行动细则，明确责任主体、计划完成时限及预期交付物等核心要素。

（4）会议的主要议题：

① 检查和通报项目进度计划完成情况，确定下一阶段进度目标，研究承建单位人力、设备投入情况和实现目标的措施。

② 通报项目实施质量的检查情况和技术规范实施情况等，针对存在的质量问

题提出改进措施要求。

③ 检查上次会议议定事项的落实情况，检查未完成事项并分析原因。

④ 分包单位的管理和协调问题。

⑤ 项目款支付的核定及财务支付中的有关问题。

⑥ 接收和审查承建单位提交的相关项目文档。

⑦ 监理提交相关监理文档。

⑧ 解决项目变更的相关事宜。

⑨ 违约、工期、费用索赔的意向及处理情况。

⑩ 解决需要协调的其他有关事项。

（5）会议纪要的记录、签认和分发

项目监理例会的内容通常由指定的监理工程师记录，除笔记以外，会根据实际情况使用数码相机、摄像设备、录音笔和笔记本电脑等设备进行辅助记录和演示。会议纪要由监理工程师根据会议记录整理，主要内容包括：

① 会议地点和时间。

② 会议主持人。

③ 出席者姓名、隶属单位、职务。

④ 会议内容和决议事项（包括负责落实单位、负责人和时限要求）。

⑤ 其他事项。

会议纪要的内容应真实，简明扼要。纪要经监理工程师签认，发放到项目相关各方，并应有签收手续。会议纪要中的议定事项，有关方面应在规定的时限内落实。

2. 监理专题会议

监理专题会议是为解决专门问题而召开的会议，由总监理工程师或授权监理工程师主持。专题会议应认真做好会前准备，监理工程师要认真做好会议记录，并整理会议纪要，由总监理工程师签认，发给项目有关方面。专题会议通常包括技术讨论会、现场组织协调会、紧急事件协调会和技术方案评审会等。监理单位通常会依据现场工程进度情况，定期或不定期召开不同层级的现场协调会，解决工作过程中的相互配合问题。在协调会上通报重大变更事项，解决业主单位与承建单位之间的重大协调配合问题，通报进度状况，处理工作中的交接、场地与公用设施使用的矛盾。对于因突发性变更事件引起的进度问题，监理单位可召开紧急事件协调会，督促各方采取应急措施赶上进度要求，以便项目能以预期的进度完成。根据项目的实际情况，在承建单位完成关键阶段的工作时，监理将及时组织专家，会同业主单位对阶段成果进行评审，以便在评审通过后能使承建单位及时转入下一阶段的工作实施中。

3. 监理报告

建立项目的监理汇报制度是保证工程顺利进行的有效方法，可以使工程实施处于透明的可监控状态。作为信息系统工程建设的承建单位，有责任定期或不定期向业主单位及监理单位提交工程进展情况报告，同时提交下一阶段的工程实施计划，监理单位协同业主单位审核该工程的进度与质量，向业主单位提交监理意见并反馈给承建单位，以此建立项目各方密切的联络，保证项目有计划、有步骤、稳妥地向前推进实施。监理单位据此将定期或不定期地向业主单位提供监理周报、月报、书面通知回复等监理文件，这些文件包含了监理过程中对项目实施的控制和管理的有关信息。

（1）定期的监理日报、周报、月报。监理单位通常按时向业主单位提交监理日报、周报和月报。周报的提交时间一般是每周的周一上午，周报是对上一周监理工作的总结。月报的提交时间一般为每个月开始的第一个星期内。

（2）不定期监理工作报告。监理单位会向业主单位不定期提交以下监理工作报告：

① 关于项目优化设计、项目变更的建议。

② 投资情况分析预测及资金、资源的合理配置和投入的建议。

③ 各阶段的测试报告和评价说明。

④ 项目进度预测分析报告。

⑤ 监理业务范围内的专题报告。

（3）监理通知与回复。在项目实施过程中，监理单位与业主单位的联系应以书面函件作为沟通方式。在可能导致人身、设备或项目事故的情况下，监理单位可以先口头或电话通知，事后在约定时间内补做书面通知。以监理联系单、监理通知单、监理回复的形式让信息在业主单位、监理单位与承建单位之间，在各单位内部人员之间流动，协调大家的思想与行动，以保证项目的总目标得以实现。要使这一形式有效地发挥作用，监理通知与回复应做到：

① 简洁，即只包含受众需要了解的观点。

② 完整，即要包含受众需要了解的全部观点。

③ 结构化，即必须以一定的结构形式，把要传递的观点清晰地传递给受众。

（4）日常监理文件。除以上监理报告之外，监理单位还会按需向业主单位提交以下日常监理文件：

① 监理日志及实施大事记。

② 实施计划审核文件。

③ 实施措施审核文件。

④ 实施进度调整审核文件。

⑤ 工程款支付确认文件。

⑥ 索赔受理、调查及处理文件。

⑦ 其他监理业务往来文件。

（5）监理实施类文档。监理实施类文档（工程作业记录）主要包括：项目变更控制文档、进度控制文档、质量控制文档、项目验收报告等。

10.4　信息系统工程监理的风险与应对策略

风险应对是选择并执行一种或多种改变风险的措施，包括改变风险事件发生的可能性或后果的措施。风险分析之后制定风险应对策略。有效和适当的风险应对可以最小化单个威胁，最大化单个机会，并降低整体项目风险发生的可能性，不恰当的风险应对则会适得其反。在风险应对的过程中，需要根据风险的优先级来制定应对策略，并把风险应对所需的资源和活动纳入项目的预算、进度计划和项目管理计划中。

1. 风险应对策略

通常有以下七种策略可供风险应对使用：回避、转移、减轻、接受、开拓、分享、增强。前三种策略应对可能给项目目标带来消极影响的风险；后三种策略应对可能给项目带来积极影响的风险；接受策略既可用来应对消极风险或威胁，也可用来应对积极风险或机会。

（1）回避。风险回避是指在风险还未发生时，主动放弃或改变计划，不再实施可能导致风险的活动，以完全消除威胁。选择此策略要充分考虑并权衡风险回避的成本和效益。

（2）转移。风险转移是指把某项风险的部分或全部消极影响连同应对责任转移给第三方。转移风险是把风险管理责任简单地推给另一方，而并非消除风险。选择此策略要充分考虑风险转移成本与所避免的风险损失。

（3）减轻。风险减轻是指通过采取一定的行动，把不利风险事件的概率或影响降低到可接受的范围内。这是一种积极主动的策略。选择此策略时要考虑风险减轻实施成本与风险应对回报相匹配。

（4）接受。因为几乎不可能消除项目的全部威胁，所以就需要采用风险接受策略。该策略可以是被动或主动的。例如，当出现未识别的风险时，只能被动地接受风险。最常见的主动接受策略是建立应急储备，安排一定的时间、资金或资源来应对风险。

（5）开拓。如果项目希望机会得以实现，就可对具有积极影响的风险采取本策略。旨在消除与某个特定积极风险相关的不确定性，确保机会肯定出现。

（6）分享。风险分享是指把应对机会的部分或者全部责任分配给第三方。当与第三方共享机会能够获得更大的价值时，可选择本策略。

（7）增强。风险增强是指通过增加机会的发生概率和积极影响，促使机会的发生。

2. 风险应对依据

有效的风险应对也需要一定的依据，主要包括：

（1）项目管理计划。项目管理计划可为风险应对过程提供参考。例如，风险管理计划中有关风险管理责任分配、风险临界值等内容；资源管理计划中的用于风险应对的资源安排等内容。

（2）风险登记册。风险登记册随着风险管理流程的实施逐步完善，基于风险识别、风险分析的成果，风险登记册中有关已识别项目风险、风险优先级排序等内容是风险应对策略制定的重要基础。

（3）组织过程资产。类似已完成项目的经验总结可为该过程提供参考。可基于历史经验，针对相似项目风险选择相同的应对措施，或根据项目实际情况对应对策略进行改进。

3. 风险应对技术与方法

风险应对过程的关键是基于项目风险相关信息，从风险应对策略中选择合适的应对措施。为实现有效的风险应对，需要考虑风险应对成本、时间、质量等诸多因素，运用科学的方法（例如概率影响矩阵等）选择风险应对策略。

4. 风险应对输出

在制定各项风险的具体应对策略后，应对项目管理计划及其他项目文档进行更新，主要包括：

（1）更新风险登记册。在针对不同的项目风险制定出相应的应对策略后，将其列入风险登记册。风险详细程度应与风险的优先级和拟采取的应对措施相适应。一般应该详细说明高风险和中风险，把低优先级的风险列入观察清单，并定期监测。

（2）项目管理计划可能会更新。针对已识别风险确定合适的应对策略后，项目团队需要采取具体应对措施，可能需要调整进度、成本、质量以及资源等管理计划。

5. 信息系统工程监理的风险应对

1）信息系统工程监理的风险识别

信息系统工程监理面临的风险多种多样，包括技术风险、管理风险、市场风险和法律风险等。技术风险涉及软件和硬件的兼容性问题、性能不达标等；管理风险可能包括项目进度延误、资源分配不当；市场风险则涉及需求变化、市场竞争加剧；法律风险则可能包括知识产权侵权、合同纠纷等。监理工程师必须具备敏锐的风险识别能力，通过定期的风险评估会议和使用风险管理工具，如风险矩阵和 SWOT 分析，来识别和记录潜在风险。

2）风险评估与优先级排序

一旦识别出潜在风险，监理工程师需要对这些风险进行评估，确定它们的可能性和影响程度。通过量化风险，可以对风险进行优先级排序，从而集中资源和注意力在那些最有可能发生且影响最大的风险上。评估工具如决策树和概率分布图可以帮助监理工程师更准确地评估风险。

3）制定风险应对策略

针对已识别和评估的风险，监理工程师需要制定相应的应对策略。这些策略包括风险避免、风险转移、风险缓解和风险接受。例如，对于技术风险，可以通过选择成熟的技术解决方案和供应商来避免；对于管理风险，可以通过强化项目管理流程和团队协作来缓解；对于市场风险，可以通过市场调研和灵活的业务策略来转移；对于法律风险，可以通过合同审查和合规性检查来降低。

4）实施风险应对计划

制定了风险应对策略后，监理工程师需要确保这些策略得到有效实施。这包括定期监控风险状态，更新风险管理计划，以及在必要时调整策略。监理工程师应利用项目管理软件来跟踪风险应对措施的执行情况，并及时向项目相关方报告风险管理进展。

5）风险沟通与培训

有效的风险管理还需要良好的沟通和培训。监理工程师应定期与项目团队、客户和其他利益相关者沟通风险信息，确保他们了解项目中的风险和应对措施。此外，通过培训提高项目团队的风险意识和应对能力，也是降低风险影响的有效手段。

通过上述步骤，信息系统工程监理可以有效地识别、评估、应对和管理风险，从而提高项目成功率，确保项目按时、按预算、按质量完成。

参 考 文 献

一、专业书籍与教材

[1] 柳纯录. 信息系统监理师教程（第2版）[M]. 北京：清华大学出版社，2024.

[2] 全国计算机专业技术资格考试办公室. 信息系统项目管理师教程 [M]. 北京：清华大学出版社，2023.

[3] 王志英，陈沛，刘俊. 信息系统工程质量管理与实践 [M]. 北京：电子工业出版社，2022.

[4] 张友生，刘奕志. 信息系统项目管理案例解析 [M]. 北京：机械工业出版社，2021.

二、研究报告与论文集

[1] 中国电子企业协会. 信息系统工程监理行业发展报告（2024）[R]. 2024.

[2] 国家信息中心. 数字政府建设与发展年度报告（2023）[R]. 2023.

[3] 中国计算机用户协会. 信息化项目监理服务能力评估指南 [R]. 2023.